普通高等院校文科类"十四五"计算机基础系列教材

U0184059

大学计算机基础教程

贾　岩◎主　编

白　艳　黄　月　樊太志　姜姗姗◎副主编

中国铁道出版社有限公司
CHINA RAILWAY PUBLISHING HOUSE CO., LTD.

内 容 简 介

本书是面向普通高等院校文科类专业计算机基础课程的教材。全书共 7 章，论述了计算机系统组成，办公自动化软件 Word、Excel、PowerPoint 的使用，视频编辑软件"剪映"和图像处理软件 Photoshop 的简单使用，以及云计算、物联网、大数据和人工智能等新一代信息技术应用。

本书的最大特点是注重实践，操作性强，在内容上循序渐进，重点突出，并且介绍了当前的流行软件。案例提供了详尽步骤或微视频，学生容易理解，方便实践。

本书适合作为普通高等院校文科专业的计算机公共课程教材。

图书在版编目（CIP）数据

大学计算机基础教程/贾岩主编. —北京：中国铁道出版社
有限公司，2023.9
普通高等院校文科类"十四五"计算机基础系列教材
ISBN 978-7-113-30356-3

Ⅰ.①大… Ⅱ.①贾… Ⅲ.①电子计算机-高等学校-教材
Ⅳ.①TP3

中国国家版本馆 CIP 数据核字（2023）第 120488 号

书　　名：大学计算机基础教程
作　　者：贾　岩

策　　划：魏　娜　　　　　　　　　　　　编辑部电话：（010）63549501
责任编辑：贾　星　徐盼欣
封面设计：付　巍
封面制作：刘　颖
责任校对：苗　丹
责任印制：樊启鹏

出版发行：中国铁道出版社有限公司（100054，北京市西城区右安门西街 8 号）
网　　址：http://www.tdpress.com/51eds/
印　　刷：河北京平诚乾印刷有限公司
版　　次：2023 年 9 月第 1 版　　2023 年 9 月第 1 次印刷
开　　本：787 mm×1 092 mm 1/16　印张：13　字数：350 千
书　　号：ISBN 978-7-113-30356-3
定　　价：36.00 元

前　言

　　随着计算机技术和网络技术的飞速发展，以及大数据和人工智能时代的到来，计算机已经成为人们不可或缺的工具，无论是学习、工作，还是生活的方方面面，都离不开它。

　　党的二十大报告指出："教育、科技、人才是全面建设社会主义现代化国家的基础性、战略性支撑。""我们要坚持教育优先发展、科技自立自强、人才引领驱动，加快建设教育强国、科技强国、人才强国，坚持为党育人、为国育才，全面提高人才自主培养质量，着力造就拔尖创新人才，聚天下英才而用之。"

　　"大学计算机基础"作为大学生入学的第一门计算机课程，目的在于让学生了解计算机原理，提高信息素养，培养计算思维，并为后续相关课程的学习和计算机技能的提高打下良好的基础。这门课程质量的高低，关系着人才培养的质量。

　　本书是全国高等院校计算机基础教育研究会计算机基础教育教学研究项目 2022 年项目（项目编号：2022-AFCEC-011）成果，注重实践，操作性强，在内容上循序渐进，重点突出，并且体现了当前的流行软件。案例提供详尽步骤或微视频，学生容易理解，方便实践。

　　本书建议 48 学时，可以线上线下相结合，线下教师以讲授难点、重点为主，线上学生结合案例视频进行练习，教材内容和案例的选择均可根据实际需求进行取舍。

　　本书共 7 章，建议学时分配如下：

第 1 章　计算机系统组成（2 学时）；

第 2 章　Word 2016 文字处理应用（12 学时）；

第 3 章　Excel 2016 电子表格应用（14 学时）；

第 4 章　PowerPoint 2016 演示文稿制作（6 学时）；

第 5 章　"剪映"视频编辑（6 学时）；

第 6 章　Photoshop 图像处理（6 学时）；

第 7 章　新一代信息技术应用（2 学时）。

　　参与本书编写工作的都是从事计算机基础教育多年、一线教学经验丰富的高校教师。本书由贾岩任主编，白艳、黄月、樊太志、姜姗姗任副主编。具体编写分工如下：第 1、

4、7章由黄月编写，第2章由白艳编写，第3章由贾岩编写，第5章由樊太志编写，第6章由姜姗姗编写，全书由贾岩统稿。

由于编者水平有限，且计算机技术发展迅猛，书中难免有疏漏及不妥之处，敬请各位读者批评指正！

编　者

2023 年 2 月

目　录

Ⅰ

第1章
计算机系统组成

在信息化迅速发展的今天，新的信息技术不断涌现，云计算、物联网、大数据、人工智能、区块链、元宇宙等概念层出不穷，让人应接不暇。然而，这一切都离不开计算机的诞生与发展，人们无时无刻不在使用计算机系统，各行各业与计算机的联系也日益深化。因此，有必要对计算机系统组成有个清晰的认识，对常用操作系统的基础功能进行熟悉，从而帮助我们更好地使用计算机。

1.1　计算机硬件

约翰·冯·诺依曼（John von Neumann）是美籍匈牙利数学家。1946年，冯·诺依曼等人在题为《电子计算装置逻辑设计的初步讨论》的论文中，提出了以"存储程序"概念（冯·诺依曼原理）为指导的计算机逻辑设计思想，确立了现代计算机的体系结构。

计算机系统包括计算机硬件和计算机软件两大部分。

计算机硬件包括五大功能部件（见图1-1）：运算器、控制器、存储器、输入设备、输出设备。五大部件在控制器的控制下协调统一地完成计算。

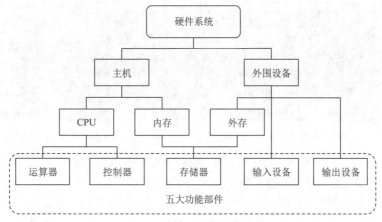

图1-1　计算机硬件系统结构

1. 运算器

运算器（arithmetic logic unit，ALU）又称算术逻辑单元，是对数据进行处理和运算的部件，包括算术运算（加、减、乘、除及其复合运算）和逻辑运算（与、或、非等逻辑比较和逻辑判断）。

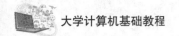

2．控制器

控制器（controller unit，CU）是计算机的控制管理核心部件，主要用于向计算机的各个部件发出微操作控制信号，指挥各个部件高速协调地工作。控制器负责从存储器中取出指令，并对指令进行译码。控制器主要由指令寄存器、译码器、程序计数器、操作控制器等组成。

运算器和控制器合称为中央处理器（central processing unit，CPU），采用大规模集成电路工艺制成芯片，又称微处理器芯片。CPU 是整个计算机的核心部件，是计算机的"大脑"。

3．存储器

存储器（memory）是用来存储程序和数据的部件，其中程序是计算机操作的依据，而数据是计算机操作的对象。

① 主存储器又称内存储器（简称"内存"）存放正在运行的程序和数据，可直接与运算器及控制器交换信息。按照存取方式，主存储器分为随机存取存储器（random access memory，RAM）和只读存储器（read only memory，ROM）。中央处理器和主存储器是计算机信息加工处理的主要部件，通常将这两个部分合称为主机。

② 辅存储器又称外存储器（简称"外存）存放多种大信息量的程序和数据，可以长期保存。

内存存放将要执行的指令和运算数据，容量较小，存取速度快。外存容量大，成本低，存取速度慢，用于存放需要长期保存的程序和数据。存放在外存的程序和数据，必须先将其读到内存中才能进行处理。

4．输入设备

输入设备是给计算机输入信息的设备，将数据从人类习惯的形式转换成计算机的内部二进制代码，送入存储器保存。

常见输入设备有键盘、鼠标、扫描仪、磁盘驱动器和触摸屏等。全尺寸键盘分为功能键区、主要按键区、编辑区、数字键区（数字小键盘区）四个区域（见图 1-2）。

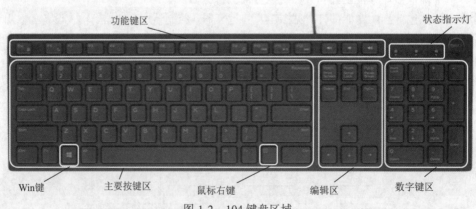

图 1-2　104 键盘区域

【例 1-1】使用键盘进行输入。

打开 Word 文档，任意输入一串文字，使用数字键区输入数字 0～9，并练习以下按键的使用：大写字母锁定键（【CapsLock】）、插入键（【Insert】）和印屏幕键（【PrintScreen】），并对当前活动窗格截屏。

操作步骤：

① 大写字母锁定键（【CapsLock】）按下时表明输入的是大写字母。

●微视频

例 1-1

② 插入键（【Insert】）主要用于在文字处理器切换文本输入的模式。一种为插入模式，新输入的字插入到光标位置，原来的字相应后移；另一种为覆盖模式，光标位置新输入字会替代原来的字。这两种模式可以通过按【Insert】键来切换。

③ 印屏幕键（【PrintScreen】）用来印屏幕，即给当前计算机屏幕截图。按【PrintScreen】键，可以将当前屏幕作为图片复制到系统内存中，然后打开"画图"等可以承接图片的软件，再按【Ctrl+V】组合键即可粘贴刚才的屏幕截图。如果需要对当前活动窗口截屏，需要按【PrintScreen+Alt】组合键。

在某些品牌计算机上，按键通过【Fn】键来切换不同颜色文字的功能。例如，戴尔品牌有的键盘，印刷了白色和蓝色两种颜色的字，大部分按键字体为白色，【Fn】键字体为蓝色，如【PrintScreen】键，上面白色字样为"插入 Insert"，下面蓝色字样为"印屏幕 PrintScreen"。此时，应该通过按【Fn+PrintScreen】组合键来实现印屏幕的功能，所以，如果是使用【Fn】激活【PrintScreen】键情况下，想要对当前活动窗口截屏，应该是按【Fn+Alt+PrintScreen】组合键。

5. 输出设备

输出设备是输出计算机处理结果的设备，用于将计算机处理结果或中间结果以人们可识别的形式（如显示、打印、绘图）表达出来。常见输出设备有显示器、打印机、绘图仪和磁盘驱动器等。

1.2　计算机软件

计算机软件又称计算机程序，是控制计算机实现用户需求的计算机操作以及管理计算机自身资源的指令集合，是指在硬件上运行的程序和相关的数据及文档，是计算机系统中不可缺少的重要组成部分。

计算机软件分为两大部分：系统软件和应用软件。其中，系统软件用于管理控制维护计算机系统资源，如操作系统、数据库管理系统。应用软件是为解决某一实际问题而专门研究开发的，如办公软件、视频编辑软件、图形处理软件。

一个完整的计算机系统的硬件和软件是按一定的层次关系组织起来的，在裸机之上先安装系统软件，再安装应用软件。

综上，计算机系统组成如图 1-3 所示。

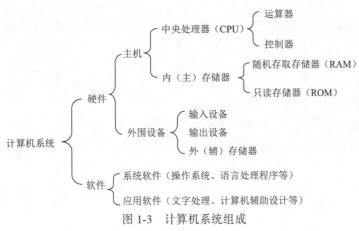

图 1-3　计算机系统组成

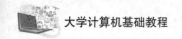

1.3 操作系统

操作系统（operating system，OS）是管理计算机系统内各种硬件和软件资源、有效地组织多道程序运行的系统软件（或程序集合），是用户与计算机之间的接口，是整个计算机系统的管理中心。

操作系统完成所有"硬件相关、应用无关"工作，对内是"管理员"，对外是"服务员"。硬件相关，是指操作系统是硬件基础上的第一层软件，是其他软件和硬件的接口，涉及物理地址、设备接口寄存器、设备接口缓冲区、代码量大，需硬件知识，需随硬件的变化而变化。应用无关，是指操作系统提供所有应用、用户共需的东西，与应用无直接关系。

从资源管理的角度，操作系统有六大功能：

1. 处理器管理

处理器是计算机系统中最宝贵的硬件资源，操作系统最重要的服务就是提高处理器的利用率。

2. 存储器管理

操作系统主要管理内存资源，负责内存的分配、保护和扩充，提高内存的利用效率。

3. 设备管理

设备管理是指对计算机系统中的所有输入/输出设备的管理。

4. 文件管理

文件管理是操作系统对计算机软件资源的管理。系统中的信息资源（如程序和数据）是以文件的形式存放在外存储器（如磁盘、光盘和磁带）上的，需要时再把它们读入内存。

5. 应用程序接口管理

操作系统留给应用程序的调用接口，即应用程序接口（application programming interface，API），是一些预先定义的函数，使得应用程序无须访问源码或理解计算机内部工作机制，就可以通过调用操作系统的应用程序接口直接执行应用程序命令。

6. 用户界面管理

操作系统为用户提供方便、友好的用户界面，使用户无须了解过多的软硬件细节就能方便灵活地使用计算机。有三种接口方式：程序接口、命令接口和图形接口。

① 程序接口提供一组系统调用命令供使用，用户可在自己的应用程序中通过相应的系统调用，来实现与操作系统的通信，并获得它提供的服务。

② 命令接口是指由操作系统提供了一组联机命令接口，以允许用户通过键盘输入有关命令来获得操作系统提供的服务，并控制用户程序的运行。在 Windows 环境下，打开命令窗口（命令行）的程序为 cmd.exe。

●微视频

例 1-2

【例 1-2】使用命令窗口运行命令。

找到计算机上的"运行"功能，输入 ipconfig，按【Enter】键，查看计算机的网络配置情况。

操作步骤：右击"开始"按钮，选择"运行"命令，打开"运行"对话框，在"打开"文本框处输入 cmd.exe（或者 cmd）（见图 1-4），单击"确定"按钮打开命令窗口。输入 ipconfig，按【Enter】键，查看计算机的网络配置情况（见图 1-5）。

图 1-4　"运行"对话框　　　　　　　　　图 1-5　运行 ipconfig 查看网络配置情况

③ 图形接口（图形界面）是命令接口的图形化。这是当前使用最为方便、最为广泛的接口，它允许用户通过屏幕上的窗口和图标来实现与操作系统的通信，并获得它提供的服务。

1.4　Windows 操作系统的使用

1. 认识 Windows 操作系统桌面

Windows 操作系统是基于图形界面的多任务操作系统。Microsoft 公司于 1985 年 11 月发布第一代窗口式多任务系统，它使个人计算机（PC）开始进入了图形用户界面时代。本书以 Windows 10 操作系统为例来讲解。

在 Windows 10 操作系统桌面（见图 1-6）中，每一种应用软件都用一个图标表示，用户只需把鼠标指针移到某图标上，连续两次按下鼠标左键（称为双击）即可进入该软件。这种界面方式为用户提供了很大的方便。

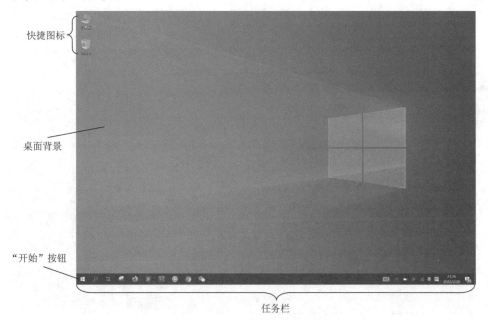

图 1-6　Windows 10 操作系统桌面

① "开始"按钮在桌面的左下角,单击"开始"按钮可以弹出"开始"菜单,包括"程序列表""设置"等,Windows 的大部分操作可以从"开始"菜单开始。

② 桌面的快捷方式包含了运行的程序和文件夹的路径,它可以快速启动一个程序或者打开一个文件夹。右击任何一个文件,弹出其快捷菜单,选择"创建快捷方式"命令,即可创建一个快捷方式。

③ Windows 是多任务的操作系统,它支持多个任务同时运行,但只有一个任务工作在前台,其他任务工作在后台。哪一个任务工作在前台可以通过单击任务栏(见图 1-7)中相应的按钮来选择。当一个任务工作在前台时,输入设备(键盘和鼠标)就作用于(激活)这个任务。用户每启动一个任务,就有一个相应的任务按钮,任务按钮显示在"应用程序栏",以便用户在不同的任务间切换。同时,将经常使用的程序添加到"快速启动栏",单击此处相应的程序按钮就能快速启动该程序。

"开始"按钮　快速启动栏　任务视图　在这里输入要搜索的内容　　　应用程序栏　　　通知区域　显示桌面

图 1-7　Windows 任务栏

④ 通知区域在任务栏的右侧,提示网络连接、电源等情况,可以自定义。

⑤ "显示桌面"(快捷键【Win+D】)是在任务栏最右侧的区域,单击该区域,可以快速回到桌面。

例 1-3

【例 1-3】搜索操作系统自带的"截图工具",练习其使用,与【PrintScreen】键进行比较,并将其设置为任务栏上的快速启动程序。

操作步骤:右击"开始"按钮,选择"搜索"命令,在弹出界面最下面的"在这里输入你要搜索的内容"处输入"截图"(见图 1-8),再单击"截图工具",打开"截图工具"窗口(见图 1-9)。单击"新建"按钮,可以截取任意大小(可以不是整个屏幕,这是与【PrintScreen】键最大的不同),然后通过"文件"下的"另存为"命令可以将截图保存为文件,或者通过"编辑"下的"复制"命令将截图区域复制。

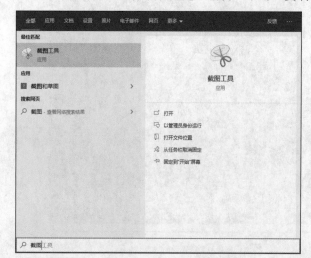

图 1-8　使用"搜索"查找"截图工具"

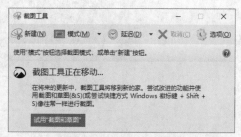

图 1-9　"截图工具"窗口

在"截图工具"窗口打开的情况下，右击其在任务栏上的图标，选择"固定到任务栏"命令（见图 1-10），即可将其固定到任务栏中，方便使用。

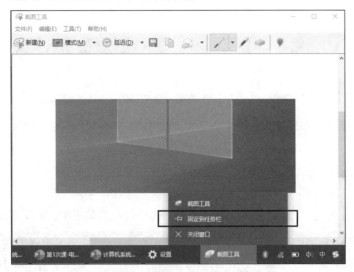

图 1-10　将"截图工具"固定到任务栏

微视频

例 1-4

【例 1-4】对"任务栏"显示进行设置，在任务栏上不显示"时钟"。

操作步骤：在"任务栏"空白处右击，选择"任务栏设置"命令，然后单击"打开或关闭系统图标"（见图 1-11），将"时钟"对应的开关关闭（见图 1-12）。

图 1-11　"打开或关闭系统图标"位置

图 1-12　不显示"时钟"

【例 1-5】窗口切换快捷键的使用。

利用快捷键【Alt+Tab】和【Win+Tab】实现窗口切换，并比较异同。

操作步骤：按【Alt+Tab】组合键，弹出窗口选择界面（见图 1-13），若松开按键会进入被选中的窗口。按住【Alt】键不动，反复按【Tab】键选择需要的窗口，再松开，即可打开该窗口。

微视频

例 1-5

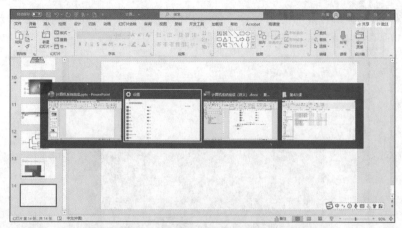

图 1-13　按【Alt+Tab】组合键弹出的窗口选择界面

按【Win+Tab】组合键，弹出窗口选择界面（见图 1-14），直接单击需要的窗口。

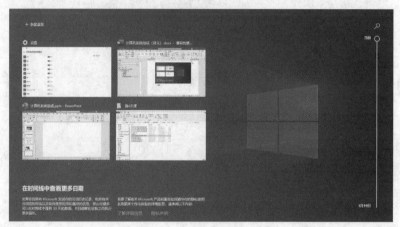

图 1-14　按【Win+Tab】组合键弹出的窗口选择界面

2．文件的使用

文件是用文件名标识的一组相关信息集合，可以是文档、图形、图像、声音、视频、程序等。

（1）文件的命名

文件名一般由主文件名和扩展名组成，中间用"."来分隔，其格式为：主文件名.扩展名，如"大学计算机基础第 3 章课件.pptx"。

主文件名的命名不能包含如下字符:；、*、?、|、<、>、"、\、/等。

（2）文件类型

一般来讲，通过文件扩展名来区分文件类型（见表 1-1）。

表 1-1　常见的文件扩展名

扩展名	文件类型	扩展名	文件类型	扩展名	文件类型
.txt	文本文件	.mdb 或.accdb	Access 文件	.bat	批处理文件
.doc 或.docx	Word 文件	.jpg 或.png	图像文件	.bak	备份文件
.xls 或.xlsx	Excel 文件	.exe	可执行文件	.mp3	音频文件
.ppt 或.pptx	PowerPoint 文件	.rar 或.zip	压缩文件	.tmp	临时文件

8

（3）文件目录和文件夹

文件夹是存放文件的容器，便于用户使用和管理文件。双击桌面的"此电脑"图标或者打开文件资源管理器（快捷键【Win+E】），在打开的窗口中，左侧窗格显示采用树状结构（多级文件夹结构）显示各驱动器及内部各文件夹列表。每个磁盘有一个根文件夹，下面被包含的文件夹称为子文件夹。单击文件夹左侧的">"箭头，可以依次打开其子文件夹。路径是从根文件夹到任何一个文件的唯一路径，一般用"\"隔开文件（夹），单击"地址栏"就会显示当前文件夹的路径（见图 1-15）。

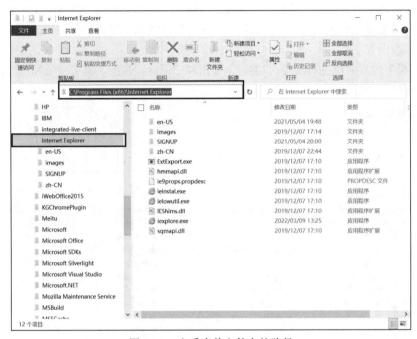

图 1-15　查看当前文件夹的路径

（4）常用的文件（夹）操作

【例 1-6】自行练习常用的文件（夹）操作。

微视频
例 1-6

新建文件（夹），打开及关闭文件（夹），多个连续文件（夹）的选择，多个不连续文件（夹）的选择，复制、移动文件（夹），删除、恢复文件（夹），重命名文件（夹），搜索文件（夹），创建文件（夹）快捷方式，查看文件（夹）属性，隐藏已知文件类型的扩展名。

操作提示：

① 连续对象的同时选择：按住鼠标左键进行框选，或者按住【Shift】键后先单击连续对象的第一个对象，再单击连续对象的最后一个对象。

② 不连续对象的同时选择：按住【Ctrl】键，单击不连续的多个对象。

③ 文件（夹）属性查看：右击需要查看属性的文件（夹），在弹出的快捷菜单中选择"属性"命令。

④ 隐藏已知文件类型的扩展名：打开文件资源管理器，选中"查看"菜单下的"文件扩展名"复选框（见图 1-16）。

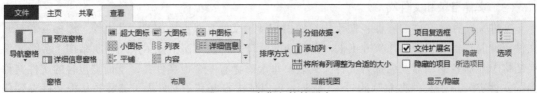

图 1-16　隐藏文件扩展名

3．控制面板的使用

操作系统的环境设置与系统维护，主要通过"控制面板"来进行。控制面板是 Windows 为用户提供个性化系统设置和管理的一个工具箱，所包含的设置几乎控制了有关 Windows 外观和工作方式的所有参数设置。

"控制面板"包括两种视图模式："类别"视图和"图标"视图，其中"图标"又包括"大图标"和"小图标"（见图 1-17）。

图 1-17　"控制面板"的"小图标"视图

控制面板中常用的设置包括：

① 个性化的显示属性设置；

② 键盘和鼠标设置；

③ 日期和时间设置；

④ 字体设置；

⑤ 软件卸载；

⑥ Windows 系统属性窗口；

⑦ 显示当前计算机的主要硬件及系统软件等相关信息；

⑧ 更改计算机名；

⑨ 更新硬件驱动程序；

⑩ 硬件管理。

【例 1-7】查看"控制面板"中的常用功能，自行练习需要的功能。为计算机安装新字体 simkai_0.ttf。

微视频
例 1-7

操作步骤：右击"开始"按钮，选择"搜索"命令，在弹出界面最下面的"在这里输入你要搜索的内容"处输入"控制面板"，单击"控制面板"打开"控制面板"窗口。在"小图标"视图下，单击"字体"（见图 1-18），可以查看系统中已经安装的字体。双击找到的楷体 GB2312 安装包 simkai_0.ttf 即完成安装（需要先从网上搜索所需的字体安装包）。再次在"字体"中查看，可以看到楷体 GB2312 已经存在。

图 1-18　"控制面板"中的"字体"

其他功能请在日常使用中自行逐步深入练习。

小　　结

计算机系统由计算机硬件和计算机软件组成。本章主要讲述了以下内容：
① 计算机系统的组成。
② 计算机五大部件构成及其作用。
③ 计算机系统的层次结构。
④ Windows 操作系统的基本操作。
⑤ 在 Windows 操作系统中进行系统设置、文件管理、任务管理等操作。

习　　题

1. 在自己计算机的 C 盘创建一个文件夹，文件夹的名字为"班级+学号+姓名"（如"语言学+202211580001+王某某"）。

2. 在上题创建好的文件夹下，按照如下树状结构创建子文件夹。

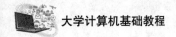

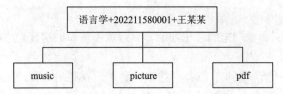

3. 在计算机上搜索"画图"应用，并将其"固定到任务栏"。

4. 查看自己计算机 C 盘的已用空间和可用空间（注：写清楚单位）。

5. 查看自己计算机的 CPU 主频及内存的大小（注：写清楚单位）。

第 2 章
Word 2016

文字处理应用

Microsoft Word 简称 Word，是微软公司的 Office 套件组成之一，是一款文字处理软件，是电子文档标准化的一种重要工具。

利用 Word 提供的基本操作命令，可以实现文档的格式设置。本章前 2 节（2.1～2.2 节）介绍 Word 的基本操作，后三节（2.3～2.5 节）主要介绍 Word 2016 的高级应用，主要涉及文档排版的页面设计（分节符的使用）、样式设置、多级列表的使用、标题目录和图表目录、题注与交叉引用、文档的批注与修订、域操作、邮件合并等方面的高级应用，以实现长文档的编辑排版。

2.1 Word 基本操作

本节首先介绍 Word 2016 窗口的组成，再简单介绍 Word 文档的基本操作：新建文档、保存文档，设置文档的字体、段落格式，首字下沉、分栏、边框、底纹、格式刷、查找与替换等操作。

2.1.1 Word 2016 的工作界面

选择"开始"|"所有程序"| Microsoft Office| Microsoft Office Word 2016 命令，即可启动 Word 2016，启动后的 Word 2016 界面如图 2-1 所示。

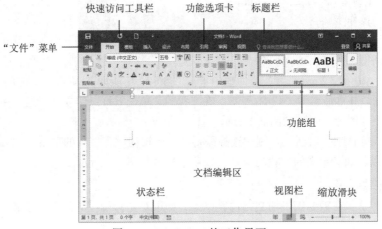

图 2-1　Word 2016 的工作界面

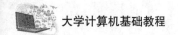
1．快速访问工具栏

可以把一些使用频率较高的常用的命令放在快速访问工具栏中，以方便使用。默认的"快速访问工具栏"只有三个命令：保存、撤销和重复。可根据自己的习惯改变其中的命令。单击右侧的下三角按钮，在弹出的菜单中打√，表示该命令在快速访问工具栏中可见，否则不可见。可通过"其他命令"菜单项追加其他命令。功能区中任何一个命令都可以快速地放置于快速访问工具栏中。方法是：右击"快速访问工具栏"，在弹出的快捷菜单中选择"自定义快速访问工具栏"命令，在打开的"Word 选项"对话框中进行设置。

2．功能选项卡

正常状态下，功能选项卡一般包括"文件"、"开始"、"插入"、"设计"、"布局"、"引用"、"邮件"、"审阅"和"视图"九个命令组。随着操作对象的不同，"功能选项卡"会出现不同的命令组。如单击图片或艺术字，后面就会出现"格式"命令组。

"功能选项卡"中命令组的命令很多，对于初学者，如果找不到需要的命令，可以使用搜索功能 ▢ 告诉我您想要做什么… 来搜索。

3．功能组

"功能组"显示或折叠的设置：在"功能选项卡"空白区域右击，在弹出的快捷菜单中选择"折叠功能区"或取消即可。图 2-2 和图 2-3 所示分别是未折叠和折叠后的功能组。

图 2-2　未折叠的功能组

图 2-3　折叠的功能组

●微视频

例 2-1

【例 2-1】自定义"功能组"设置。

操作步骤：

① 在 Word 功能组空白处右击，选择"自定义功能区"命令，弹出"Word 选项"对话框。

② 在"Word 选项"对话框中单击"自定义功能区"，单击右下方的"新建选项卡"按钮，并重命名为"我的菜单"，在"我的菜单"下可以建立几个组，在此仅仅建立了一个"图片"组，如图 2-4 所示。

③ 在"Word 选项"对话框左侧中选择需要的命令按钮放入"我的菜单"|"图片"组中。完成设置后，可以看到自定义的"我的菜单"选项卡外观如图 2-5 所示。

4．文档编辑区

"当前插入点"：在需要编辑的文档位置单击，即可对光标所在的前面文档和后面文档进行编辑操作。

注意：按【Insert】键可以更改插入/改写状态。键盘默认为"插入"状态，如果后面的字被替换了，证明当前是改写状态，如果需要将"改写"状态调整为"插入"状态，需要再次按【Insert】键。

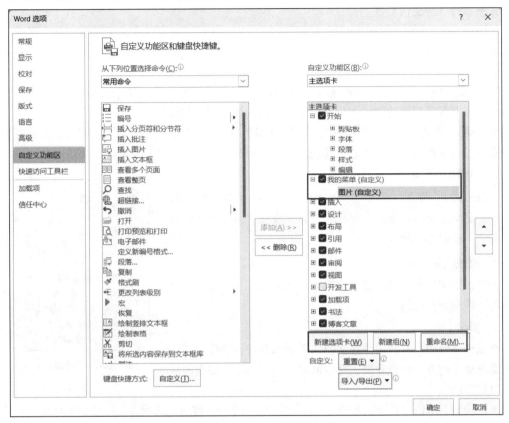

图 2-4　自定义功能区

图 2-5　"我的菜单"选项卡

5. 状态栏

状态栏信息如图 2-6 所示。如果没有状态显示，可以在状态栏空白处右击，选择相应项目，即可显示。

图 2-6　状态栏信息

6. 视图栏

Word 提供了五种在屏幕上查看文档的方式："页面视图"、"阅读视图"、"Web 版式视图"、"大纲视图"和"草稿"。

① 页面视图：打开 Word 后默认的视图模式，所见即所得的一种视图。

② 阅读视图：以图书的分栏样式显示，便于阅读文档，模拟书本阅读方式。可以单击"工具"按钮选择各种阅读工具。

③ Web 版式视图：以网页的形式显示文档，它能够模拟浏览器来显示文本，在此视图中的文本内容都会自动换行。Web 版式呈献的是在网页上看到的效果，适用于发送电子邮件和创建网页。

④ 大纲视图：主要用于设置 Word 文档的标题设置，以及显示标题的层级结构，并可以方便地折叠和展开各种层级的文档，广泛用于长文档的快速浏览和设置。

⑤ 草稿：取消了页面边距、分栏、页眉页脚和图片等元素，仅显示标题和正文，是最节省计算机系统硬件资源的视图方式。某些功能符号，如分节符、分页符等只能在草稿视图和大纲视图中看到，在其他视图中不可见。

注意：选中"视图"选项卡|"显示"组|"导航窗格"复选框，在 Word 窗口左侧可以看到"导航"窗格，在此可以看出文档的层次关系，如图 2-7 所示。

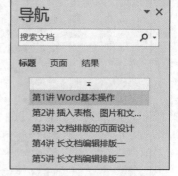

图 2-7 "导航"窗格

7. 缩放滑块

如果文档编辑区的页面显示效果太小或太大，可以通过"缩放滑块"调整显示比例。

8. 拆分

在编辑文档时，有时需要在文档的不同部分进行操作，若使用拖动滚动条的方法会很麻烦，这时就可以使用 Word 提供的拆分窗口的方法。

操作步骤：单击"视图"选项卡|"窗口"组|"拆分"按钮完成拆分，如图 2-8 所示。对拆分后的窗口也可以取消拆分。

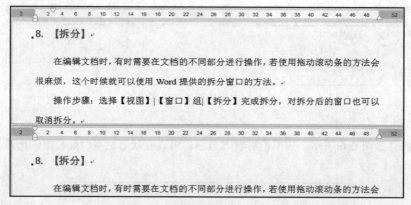

图 2-8 设置"拆分"后的文档

9. 并排查看

同时打开两个或多个 Word 文档后，通过单击"视图"选项卡|"窗口"组|"全部重排"按钮，可以让打开的两个窗口并排打开，如图 2-9 所示。并排打开的两个窗口可以同步上下滚动，非常适合文档的编辑和比较。

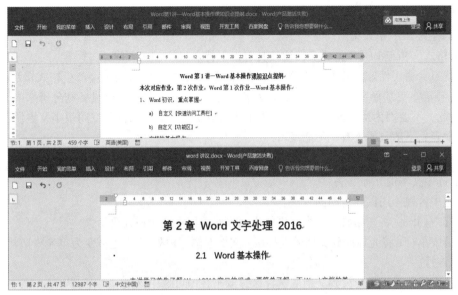

图 2-9　"并排查看"的两个文档

2.1.2　文档的基本操作

1．新建文档

新建文档一般有两种方法：新建空白的 Word 文档和根据模板创建。

（1）新建空白的 Word 文档

方法 1：在打开的 Word 文档中，选择"文件"选项卡|"新建"|"空白文档"选项。

方法 2：单击快速访问工具栏中的"自定义快速访问工具栏"按钮 ，在弹出的快捷菜单中选择"新建"命令，也可以创建 Word 文档。

方法 3：在打开的现有文档中，按【Ctrl+N】组合键即可创建空白文档。

（2）使用模板新建文档

① 在"文件"选项卡|"新建"|"搜索联机模板"搜索框中输入想要的模板类型，如"通知"，单击"开始搜索"按钮。

② 在搜索的结果中选择"通知"选项。

③ 在弹出的"通知"预览界面中单击"创建"按钮，即可下载该模板。下载完成后，系统会自动打开该模板。

2．保存 Word 文档

（1）保存为默认格式

Word 2016 保存文件默认的扩展名是.docx，操作方法如下：

方法 1：单击快速访问工具栏中的"保存"按钮 。

方法 2：单击"文件"选项卡|"保存"选项。

方法 3：按【Ctrl+S】组合键。

（2）保存为 PDF 格式

如果文档需要保存成 PDF 格式，操作方法如下：

方法 1：选择"文件"选项卡|"另存为"命令，在打开的"另存为"对话框的"保存类型"中选择 PDF。

方法 2：选择"文件"选项卡|"导出"命令，可以选择"创建 PDF/XPS 文档"或"更改文件类型"，保存为 PDF 格式文档。

PDF 格式文档与 DOCX 格式文档比较具有以下特点：

① 优点：通用性好，各个系统都可以使用；不同版本的 Word 可能会产生格式错乱的情况，但是 PDF 不会，更加稳定；可以将文字、字体、颜色、格式以及独立于设备和分辨率的图形图像封装在一起，不会因为换电脑、换系统而发生任何改变；所占用的内存空间很小，更便于传输。

② 缺点：一般只能查看，不能编辑。

3. 文档的基本排版

（1）选中文本的几种方法

① 选中区域：用鼠标拖动的方法。

② 选中词语：将光标放在某个词语的中间，双击即可选中该词语。

③ 选中单行：将光标放到文档的选择区（文档左侧空白处），当光标变为空箭头形状时单击，即可选中该行。

④ 选中段落：将光标放到文档的选择区，双击，即可选中该段。

⑤ 选中全文：

方法 1：将光标放到文档的选择区，快速击三下鼠标左键。

方法 2：单击"开始"选项卡|"编辑"组|"选择"|"全选"命令。

方法 3：按【Ctrl+A】组合键。

⑥ 选定所有格式类似的文本：单击"开始"选项卡|"编辑"组|"选择"|"选定所有格式类似的文本"命令。

（2）设置"字体"格式

单击"开始"选项卡|"字体"组的对话框启动器按钮 ，在弹出的图 2-10 所示的"字体"对话框中选择"字体"选项卡，可以设置字体、字形、字号等。

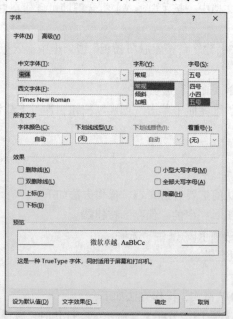

图 2-10 "字体"对话框

（3）设置"段落"格式

"段落"对话框由"缩进和间距"、"换行和分页"和"中文版式"三个选项卡组成，前两个常用，最后一个一般保持默认值即可。

① "缩进和间距"选项卡设置如下：

- "对齐方式"：有五种对齐方式——左对齐、居中、右对齐、两端对齐和分散对齐。
- "大纲级别"：只要不是标题，一般都选择"正文文本"。
- "缩进"：缩进单位一般采用"字符"，也可以采用"厘米"。"左右缩进"指整个段落相对页面边而言的缩进，而"首行缩进"（第一行缩进）和"悬挂缩进"（其他行缩进）指第一行与本段中其他行的缩进关系。

② "换行和分页"选项卡设置如下：

- "孤行控制"：选中此项，可以避免段落的首行出现在页面底端，也可以避免段落的最后一行出现在页面顶端，从图 2-11 和图 2-12 中可以看出差别。

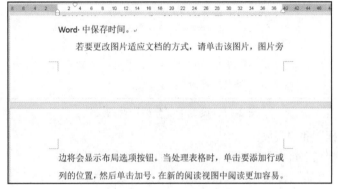

图 2-11　未做孤行控制

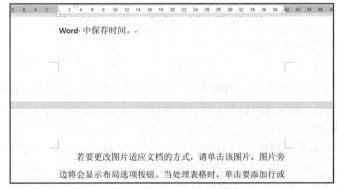

图 2-12　做了孤行控制

- "段中不分页"：使一个段落不被分在两个页面中。
- "与下段同页"：将所选段落与下一段落归于同一页。
- "段前分页"：在所选段落前插入一个人工分页符强制分页。

（4）设置"首字下沉"

首字下沉主要用于标记章节。

选择"插入"选项卡|"文本"组|"首字下沉"选项设置。可以选择"下沉"和"悬挂"两种下沉方式，图 2-13 所示是设置了首字"下沉"3 行的文档。

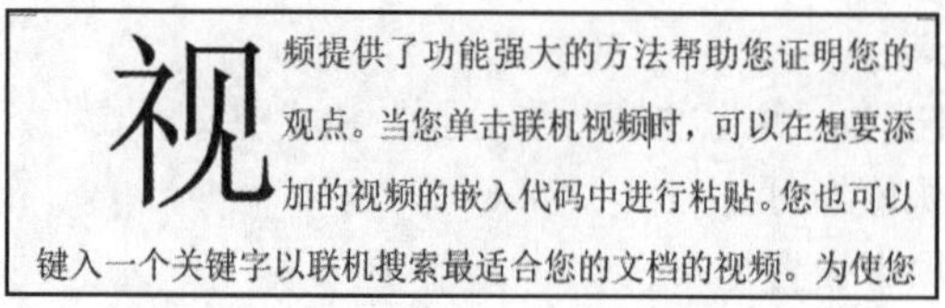
视频提供了功能强大的方法帮助您证明您的观点。当您单击联机视频时，可以在想要添加的视频的嵌入代码中进行粘贴。您也可以键入一个关键字以联机搜索最适合您的文档的视频。为使您

图 2-13 设置了“首字下沉”后的文档

（5）设置“分栏”

分栏多用在报纸编辑格式中，是指将文档的版面划分为若干栏。

首先选择需要分栏的文本，然后选择“布局”选项卡|“页面设置”组|“分栏”选项进行设置，图 2-14 是对文档设置了等宽的两栏的设置效果。

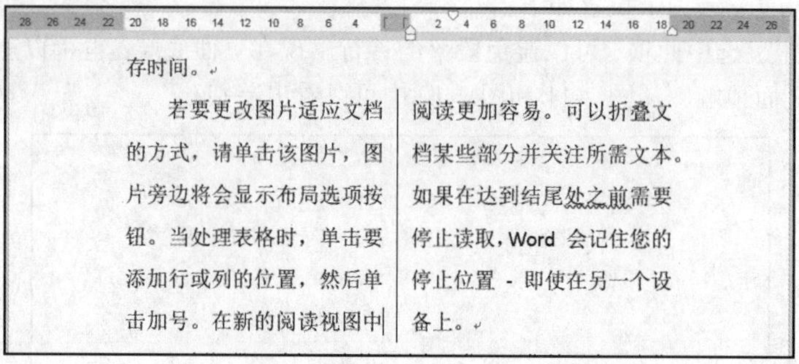
28 26 24 22 20 18 16 14 12 10 8 6 4 2 4 6 8 10 12 14 16 18 20 22 24 26
存时间。
若要更改图片适应文档的方式，请单击该图片，图片旁边将会显示布局选项按钮。当处理表格时，单击要添加行或列的位置，然后单击加号。在新的阅读视图中
阅读更加容易。可以折叠文档某些部分并关注所需文本。如果在达到结尾处之前需要停止读取，Word 会记住您的停止位置 - 即使在另一个设备上。

图 2-14 设置了“分栏”后的文档

（6）设置“边框”和“底纹”

如果需要对文档加上边框和底纹进行美化，可以用以下方法操作：

方法 1：选择“开始”选项卡|“段落”组|“边框”或“底纹”按钮进行设置。

方法 2：选择“设计”选项卡|“页面背景”组|“页面边框”按钮，在弹出的“边框和底纹”对话框的“边框”/“底纹”选项卡中进行设置。

要给选定的文字加底纹，应在“应用于”下拉列表框中选择“文字”。要给整行加底纹，应在“应用于”下拉列表框中选择“段落”。

（7）“格式刷”

格式刷是 Word 中的一种工具。用格式刷“刷”格式，可以快速将指定段落或文本的格式沿用到其他段落或文本上，避免重复设置。格式刷位于“开始”选项卡|“剪贴板”组，有“单击”和“双击”两种操作方法。

① 单击：选择具有要复制格式的文本或图形，单击“格式刷”，鼠标指针会变为一个刷子图标，接着用鼠标拖动想要替换格式的文本或图形，它们的格式就会与开始选择的格式相同。

② 双击：如果需要将格式应用到多个文本或图形块，可双击“格式刷”，然后用鼠标拖动要设置格式的文本或图形。再次单击“格式刷”按钮即可取消格式刷功能。

（8）“查找”与“替换”

Word 提供的“查找”与“替换”功能不仅可以帮助我们快速地定位到想要的内容，还可以让我们批量修改文档中相应的内容。

① 查找：

方法 1：单击“开始”选项卡|“编辑”组|“查找”按钮。

方法 2：按【Ctrl+F】组合键。

② 替换：

方法 1：单击"开始"选项卡｜"编辑"组｜"替换"按钮。

方法 2：按【Ctrl+H】组合键。

③ 带"格式"的查找与替换：如果"查找"或"替换"的文字带有格式，可以用有格式的查找和替换。在图 2-15 所示的"查找和替换"对话框中单击"更多"按钮，展开"更多"后的对话框如图 2-16 所示，可以选择"格式"按钮｜"字体"，命令，完成带字体"格式"的查找与替换。

图 2-15　"查找和替换"对话框

如需要删除格式，可以单击图 2-16 中的"不限定格式"按钮。

④ "特殊格式"的查找与替换：特殊字符的查找与替换要用到"更多"中的"特殊格式"按钮，如图 2-16 所示。

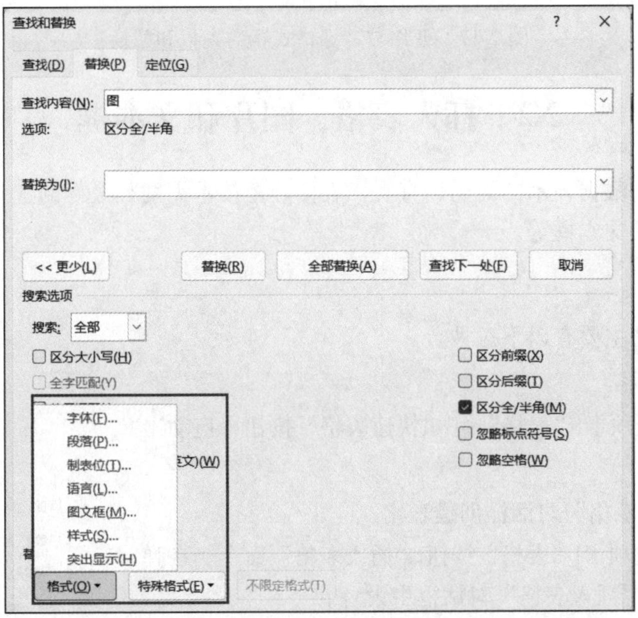

图 2-16　展开"更多"后的"查找和替换"对话框

提示：用户经常需要从网上下载一些文章，可下载的文章在 Word 排版过程中经常会遇到"↓"符号（手动换行符，又称"软回车"，作用是另起一行，快捷键为【Shift+Enter】），这时就可以使用"查找和替换"的功能，快速地将手动换行符批量替换为段落标记" ↵"（又称"硬回车"，换行的同时表示一个段落的结束，快捷键为【Enter】），如图 2-17 所示。

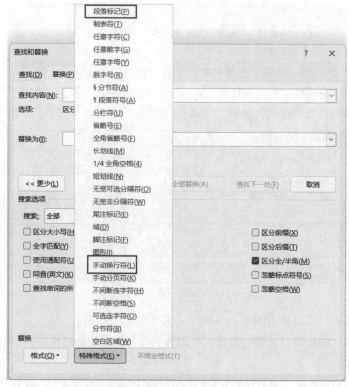

图 2-17 使用"特殊格式"的查找和替换

2.2 插入表格、图片和文本框

为了使文档中的数据表示的简明、直观，表格处理技术无疑是最好的选择。为了美化文档，经常需要插入图片和文本框等。

2.2.1 创建表格

创建表格的方法主要有以下三种。

1. 快速创建表格

单击"插入"选项卡|"表格"组|"快速表格"按钮，拖动出需要的行和列。

2. 使用"插入表格"对话框创建表格

单击"插入"选项卡|"表格"按钮|"插入表格"命令，在弹出的图 2-18 所示的"插入表格"对话框中设置。

可以设置表格尺寸：

① 固定列宽（自动时根据窗口调整）。

② 根据内容调整表格。

③ 根据窗口调整表格。

3. 手绘表格：可以画不规则图形

单击"插入"选项卡|"表格"按钮|"绘制表格"命令，拖动

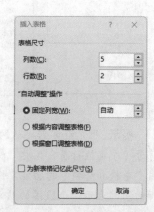

图 2-18 "插入表格"对话框

鼠标画出外面的矩形，在矩形中绘制行线、列线、斜线。

2.2.2　文本与表格的相互转换

在表格的应用中，经常遇到需要将文本放到表格里或将表格的框线去掉的操作。

1. 文字转表格

【例 2-2】将 Word 文件"成绩表.docx"中的文字（见图 2-19）转化为表格。

微视频●

例 2-2

姓名	计算机基础	精读	体育	思政	总分
贾玥月	8	8	10	9	
王韧宏	10	8	10	10	
王俊	10	8	10	8	
赵雨	10	9	8	6	
谢军好	9	9	9	9	
黄捷民	10	7	10	9	
胡凯	10	7	10	9	
王澜	9	6	8	10	
张子	10	9	9	10	
胡暄	8	7	8	10	
杨钧	9	7	7	9	
吴诗	10	6	8	9	

图 2-19　成绩表.docx 中的内容

操作步骤：

① 将要转换的文字设置好格式（列之间用分隔符，如 Tab 符、空格符、制表符等隔开，行用回车符隔开）。

② 选中表格，单击"插入"选项卡|"表格"按钮|"文本转换成表格"命令，弹出"将文字转换成表格"对话框，如图 2-20 所示，注意要选择正确的分隔符（本例给出的"成绩表.docx 文档中，列与列之间的分隔符是制表符），即可将成绩表中的文字转换到 6 列 13 行的表格里。

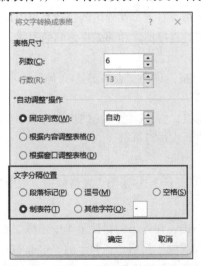

图 2-20　"将文字转换成表格"对话框

2. 表格转换成文本

也可以将表格转换成文本，去掉表格线条。

具体操作方法为：选中表格，单击"表格工具-布局"选项卡|"数据"组|"转换为文本"按钮。

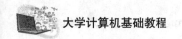

2.2.3　调整表格及设置表格格式

1. 插入行或列

方法 1：选中表格的一行、一列或一个单元格，单击"表格工具-布局"选项卡|"行和列"命令。

方法 2：选中表格的一行、一列或一个单元格并右击，选择"插入"命令。

方法 3：鼠标指针放在表格的两行（列）之间出现+号，单击可以增加一行（列）。

方法 4：选中多行则会同时插入多行。

2. 删除行或列

方法 1：按【Backspace】键即可删除选定的行或列。

方法 2：选中表格的一行、一列或一个单元格，单击"表格工具-布局"选项卡|"行和列"|"删除"命令。

方法 3：选中表格的一行、一列或一个单元格并右击，在弹出的快捷菜单中选择"删除"命令。

3. 设置列宽或行高

方法 1：选择要改变行高的行（或列），单击"表格工具-布局"选项卡|"单元格大小"右下角的对话框启动器按钮，在弹出的"表格属性"对话框中选择"行"或"列"设置行高或列宽。

方法 2：拖动鼠标调整行高或列宽。

4. 合并或拆分单元格

（1）合并单元格

方法 1：选择要合并的单元格，单击"表格工具-布局"选项卡|"合并"组|"合并单元格"按钮。

方法 2：选择要合并的单元格，右击，在弹出的快捷菜单中选择"合并单元格"命令。

方法 3：使用"橡皮擦"工具直接擦除相邻表格之间的边线。

（2）拆分单元格

方法 1：选择要拆分的单元格，单击"表格工具-布局"选项卡|"合并"组|"拆分单元格"按钮。

方法 2：选择要拆分的单元格，右击，在弹出的快捷菜单中选择"拆分单元格"命令。

方法 3：用手绘表格的方式划线进行拆分。

5. 设置表格样式

选择表格，单击"表格工具-设计"选项卡|"表格样式"组中的样式。

6. 设置表格边框

方法 1：选中整个表格，右击，在弹出的快捷菜单中选择"表格属性"命令，在弹出的"表格属性"对话框中单击"边框和底纹"按钮，在弹出的"边框和底纹"对话框中设置边框。

方法 2：选中整个表格，单击"表格工具-设计"选项卡|"边框"组设置表格的边框。

7. 绘制斜线表头

将光标置于需要绘制表头的单元格，会出现"表格工具"的"设计"与"布局"选项卡。

选择"表格工具-设计"选项卡|"边框"组，设置线型、线的粗细、颜色，然后选择"表格工具-布局"选项卡|"绘图"|"绘制表格"按钮，鼠标会变为笔的形状，此时在鼠标所在的单元

格中画一条斜线即可。

8. 设置重复标题行

选中标题行，单击"表格工具-布局"选项卡|"数据"组|"重复标题行"按钮，即可在每一页的表格中都显示标题行的内容。

9. 表格的数值计算

① 选中计算单元格，单击"表格工具-布局"选项卡|"数据"组|"公式"按钮 f_x公式，弹出图 2-21 所示的"公式"对话框。

② 如果要计算平均分，在图 2-21 所示的"公式"对话框中单击"粘贴函数"下拉列表框，选择 AVERAGE 函数即可，如图 2-22 所示。

③ 如果引用的单元格中的值发生了变化，选中后按【F9】键即可完成域的更新。

图 2-21　"公式"对话框 1　　　　　　图 2-22　"公式"对话框 2

【例 2-3】继续在例 2-2 基础上制作一张成绩表。

要求如下：

① 表格的内边框为单实线，外边框为外粗内细的双实线。

② 单元格文字水平及垂直均居中。

③ 绘制斜线表头。

④ 增加一列"总分"，用公式完成总分的计算。

操作步骤：

① 选中整个表格，单击"开始"选项卡|"段落"组|"边框"按钮右边的下拉箭头，选择"边框和底纹"选项，在弹出的图 2-23 所示的对话框中按要求设置表格的内外边框。

② 选中整个表格，在"表格工具-布局"选项卡|"对齐方式"组中单击"水平居中"按钮。

③ 将鼠标指针放在需要绘制表头的单元格，首先在"表格工具-设计"选项卡|"边框"组中选择"笔样式"和"笔画粗细"，然后在"表格工具-布局"选项卡|"绘图"组中选择"绘制表格"按钮，这时候鼠标变成一只"笔"的形状，拖动鼠标画出一条斜线即表头。

④ 将鼠标放在表格的最后一列"思政"右边框的顶端，这时候鼠标变成带圆圈的加号，单击即可添加新的一列"总分"，单击第一条记录的总分位置，单击"表格工具-布局"选项卡|"数据"组|"公式"按钮 f_x公式，在弹出的图 2-22 所示的对话框的"公式"下拉列表框中用"=SUM(LEFT)"公式完成第一条记录总分的计算。

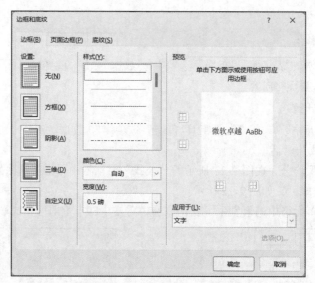

图 2-23 "边框和底纹" 对话框

⑤ 复制第一条记录的总分，粘贴到其他记录的总分列，然后选择"总分"列，按【F9】键完成域的更新。结果如图 2-24 所示。

科目 姓名	计算机基础	精读	体育	思政	总分
贾玥月	8	8	10	9	35
王韧宏	10	8	10	10	38
王俊	10	8	10	8	36
赵雨	10	9	8	6	33
谢军好	9	9	9	9	36
黄捷民	10	7	10	9	36
胡凯	10	7	10	9	36
王澜	9	6	8	10	33
张子	10	9	9	10	38
胡暄	8	7	8	10	33
杨钧	9	7	7	9	32
吴诗	10	6	8	9	33

图 2-24 例 2-3 成绩表

10. 制作含有"智能控件"的表格

很多申请表、调查问卷等都采用网上填报的方式。在表格中设计智能控件可以节约用户录入的时间。如设计"单选"按钮控件可以选择性别，设计"下拉列表"按钮控件可以选择要输入的选项等。

首先要添加"开发工具"选项卡，方法如下：

单击"文件"选项卡|"选项"命令，在弹出的"Word 选项"对话框中选择"自定义功能区"，在右侧选中"开发工具"复选框，如图 2-25 所示。

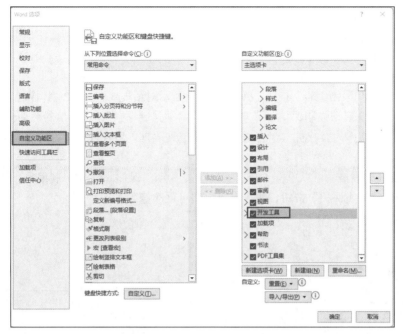

图 2-25　"Word 选项"对话框

微视频 ●┈┈┈┈┈

例 2-4

┈┈┈┈┈●

【例 2-4】设计一个带控件的表格。

将表格中灰色底纹单元格的内容使用"开发工具"中的控件设置，结果如图 2-26 所示。其中，姓名、出生日期和籍贯单元格的内容使用"纯文本内容控件"，性别、学历和政治面貌单元格的内容使用"组合框内容控件"或"下拉列表内容控件"，并把此表格设置保护。

姓名	单击或点击此处输入文字。	性别	选择一项。	出生日期	单击或点击此处输入文字。
学历	选择一项。	政治面貌	选择一项。	籍贯	单击或点击此处输入文字。

图 2-26　带有控件的表格

操作步骤：

① 添加"开发工具"选项卡，对应功能区如图 2-27 所示。

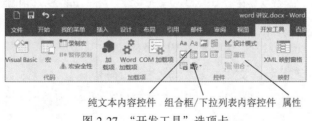

纯文本内容控件　组合框/下拉列表内容控件　属性

图 2-27　"开发工具"选项卡

② 单击姓名右侧灰色底纹的单元格，选择"开发工具"选项卡|"控件"组|"纯文本内容控件"按钮，姓名┊ 在提示框中输入姓名"王小丽"，依此类推设置出生日期和籍贯单元格的内容。

③ 单击学历右侧灰色底纹的单元格，选择"开发工具"选项卡|"控件"组|"组合框内容控件"或"列表框内容控件"按钮，单击"属性"按钮，打开属性对话框，如图 2-28 所示，首先选

择"添加"按钮，在打开的"添加选项"对话框中的"显示名称"文本框中输入"研究生"，单击"确定"按钮，依此类推将"本科"、"大专"、"中专"和"其他"几个选项值添加进来。通过同样的方法设置性别和政治面貌的内容。

④ 设置保护。完成上述表格的制作后，以防用户在填写表格中修改项目。单击"开发工具"选项卡|"保护"组|"限制编辑"按钮，弹出图 2-29 所示对话框，选择"2 编辑限制"下方的"填写窗体"，再单击"3 启动强制保护"下方的"是，启动强制保护"，在弹出的对话框中输入密码。此文件就只能在纯文本内容控件、组合框内容控件或列表框内容控件中输入内容，其他非填写区域都不能被编辑了。

⑤ 如果要修改表格，可以单击"开发工具"选项卡|"保护"组|"限制编辑"按钮，在弹出的对话框中单击"停止保护"按钮，输入密码，即可再次修改表格。

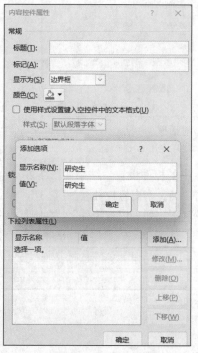

图 2-28 "属性"设置

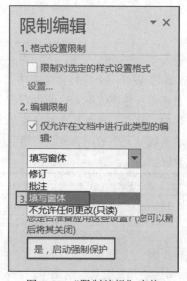

图 2-29 "限制编辑"窗格

注意：如果要使用更多控件，可以选择控件工具箱中的"旧式工具"按钮 ▦，可以看到更多控件。如果要使用 ActiveX 控件，需要用到 VBA 的知识。

2.2.4 插入图片、艺术字、文本框、数学公式和符号

图片、艺术字、文本框、数学公式和符号等都可以作为一个对象插入到 Word 文档中，操作方法非常相似。

1. 图片

Word 文档中经常需要插入图片，对图片的样式、颜色、布局等进行设置。

（1）插入图片

① 插入本地图片。将光标定位在将要插入图片的位置，单击"插入"选项卡|"插图"组|"图片"按钮，选择需要插入的图片即可完成。

② 插入联机图片。将光标定位在将要插入图片的位置，单击"插入"选项卡|"插图"组|"联机图片"按钮，在"搜索"框中查找所需要的图片。

（2）更改图片样式

选择图片，单击"图片工具-格式"选项卡|"图片样式"命令，选择需要的图片样式即可。

（3）调整图片

① 校正图片。选择图片，单击"图片工具-格式"选项卡|"调整"|"更正"|"锐化/柔化"和"亮度/对比度"功能设置。

② 调整颜色。选择图片，单击"图片工具-格式"选项卡|"调整"|"颜色"命令可以改变图片的饱和度和色调。

③ 添加艺术效果。选择图片，单击"图片工具-格式"选项卡|"调整"组|"艺术效果"按钮设置。

（4）图片的布局——环绕文字

选择图片，单击"图片工具-格式"选项卡|"排列"组|"环绕文字"按钮，将会弹出下拉列表，从中选择需要的图文排版方式。

① 嵌入型：即图片被当成文字，可以直接嵌入到一行文字中。默认为嵌入型。

② 文字环绕型：文字围绕着图片。包括四周型、紧密型环绕、穿越型环绕、上下型环绕。

③ 浮动型：图片脱离文档，可以任意调节位置。包括衬于文字下方、浮于文字上方。

当选择"衬于文字下方"时，可能会出现选择不了图片的情况。可以通过以下几种方法解决：

方法 1：单击"布局"选项卡|"排列"组|"选择窗格"按钮进行选择。

方法 2：单击"图片工具-格式"选项卡|"排列"组|"选择窗格"按钮。

方法 3：单击"开始"选项卡|"编辑"组|"选择"|"选择对象"按钮。

2. 文本框

在 Word 中文本框是指一种可移动、可调大小的文字或图形容器。使用文本框，可以在一页上放置数个文字块，或使文字按与文档中其他文字不同的方向排列。

（1）插入"文本框"

单击"插入"选项卡|"文本"组|"文本框"按钮。

"文本框"有多种格式，一般常用的是"简单文本框"，还可以选择"竖排文本框"

（2）链接多个文本框（跨越版面或页面对同一篇文章进行编辑）

在制作手抄报、宣传册等文档时，往往会使用多个文本框进行版式设计，通过在多个文本框创建链接，可以在当前文本框充满文字后自动转入所链接的下一个文本框中继续输入文字。

操作方法如下：

先选中第一个文本框，选择"绘图工具-格式"选项卡|"文本"组|"创建链接"按钮，鼠标指针变成水杯形状，将鼠标指针移动到准备链接的下一个文本框内部，这时鼠标指针变成倾斜的水杯形状，单击鼠标即可创建链接。

"文本框"格式的设置与图片对象的设置方法基本一样。

3. 艺术字

艺术字也是一种插入对象，类似于图片和文本框，可以进行放大、缩小、旋转等操作。

单击"插入"选项卡|"文本"组|"艺术字"按钮，即可插入艺术字。

艺术字格式的设置与图片对象的设置方法基本一样。

4．数学公式

编辑 Word 文档有时会包含一些数学公式，插入数学公式的操作方法如下：

（1）插入常用的或预先设好格式的公式

单击"插入"选项卡|"符号"组|"公式"按钮。

（2）插入新公式

单击"插入"选项卡|"符号"组|"公式"|"插入新公式"按钮。

5．插入各种符号

Word 文档经常需要插入各种单位符号和数学符号等。

插入符号的操作方法如下：

单击"插入"选项卡|"符号"组|"符号"按钮，即可插入各种键盘上无法输入的符号。

2.3　文档排版的页面设计

本节将介绍封面设计、分隔符的使用、页眉页脚（页码的插入）设置、文档的页面设置和页面背景的设置等功能。

2.3.1　封面

在日常工作中，我们有时候会对 Word 插入封面来体现文档的美观性。

1．插入封面

单击"插入"选项卡|"页面"组|"封面"，可以选择需要的"封面"样式。

【例 2-5】将本例给出的素材（【例 2-5】素材）插入"花丝"封面，将"文档标题"内容分两行显示。

操作步骤：

① 单击"插入"选项卡|"页面"组|"封面"按钮，选择"花丝"封面。

② 在"文档标题"框中输入"会计学基础理论（精简版）"。

③ 选中"文档标题"框，单击"开发工具"选项卡|"控件"组|"属性"按钮，弹出图 2-30 所示的对话框，选中"允许回车（多个段落）"复选框，将光标放在（精简版）前，按【Enter】键即可将标题分两行显示。

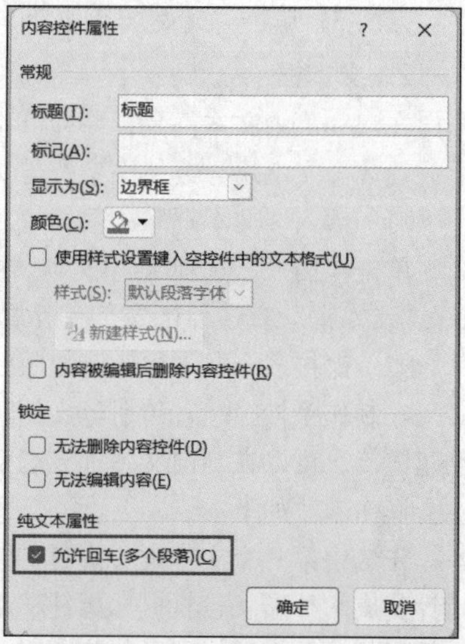

2．删除封面

单击"插入"选项卡|"页面"组|"封面"|"删除当前封面"按钮。

图 2-30　"内容控件属性"对话框

2.3.2　分隔符

Word 文档中为了对不同的内容进行不同的操作，经常会插入分隔符。

分隔符包括分页符、分节符和分栏符。

1．分页符

分页符的作用是强制另起一页，可以理解为一页的结束和另一页的开始。

（1）插入分页符

一般有两种方法插入分页符。

方法 1：将光标放到需要分页的位置，单击"插入"选项卡|"页面"组|"分页"按钮。

方法 2：将光标放到需要分页的位置，单击"布局"选项卡|"页面设置"组|"分隔符"|"分页符"按钮，如图 2-31 所示。

（2）删除分页符

单击"开始"选项卡|"段落"组|"显示/隐藏编辑标记"按钮 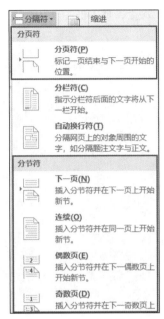（未打开时是这样的 ，单击一次即可打开，再次单击即关闭），让分页符显示出来 ————分页符———— ，选中分页符，按【Delete】键即可将其删除。

2．分节符

分节符作用是在一个文档中实现不同的页面设置。如在报纸和杂志中，我们经常看到同一页，上面一栏、下面有多栏的布局，或者一篇文档第一页的页面布局是纵向的，其他页的布局是横向的；可以把章节分隔开来，每一章的页码重新从 1 开始；可以为文档的不同章节创建不同的页眉和页脚,这是怎么实现的呢?是因为用了分节符。

通常一个文档只有一个节，如果要进行不同的页面设置，就必须将文档分成不同的节。

图 2-31　插入"分隔符"

（1）插入分节符

插入分节符的具体操作方法是：

单击"布局"选项卡|"页面设置"组|"分隔符"按钮，在图 2-31 所示的列表中选择需要的分节符。

分节符有四种：

① "下一页"分节符：在插入"分节符"的同时另起一页。

② "连续"分节符：只是分节，不会另起一页。

③ "偶数页"分节符：偶数页"分节符是用来插入分节符并在下一偶数页上开始新节。

④ "奇数页"分节符："奇数页"分节符是用来插入分节符并在下一奇数页上开始新节。

（2）删除分节符

删除分节符的方法与删除分页符方法相同。

2.3.3　页眉和页脚

我们在比较正式的工作场合使用 Word 文档时，都需要设置页眉和页脚。得体的页眉和页脚会使文稿显得更加规范，也会给阅读带来方便。

1．插入"页眉"和"页脚"

方法 1：选择"插入"选项卡|"页眉和页脚"组|"页眉"或"页脚"按钮。

方法 2：在页眉或页脚处双击。

2．删除"页眉"和"页脚"

双击页眉或页脚，使之处于编辑状态，删除页眉或页脚的内容。

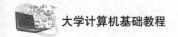

3. 编辑或删除页眉下划线

将光标放在页眉处，单击"开始"选项卡|"段落"组|"边框"按钮右侧的下拉列表，选择"边框和底纹"按钮，弹出"边框和底纹"对话框，在"边框"选项卡中选择不同的线型即可编辑页眉下划线。

如果要删除页眉下划线，将光标放在页眉处，单击图 2-32 所示右侧"预览"的下划线（单击一次无，再单击一次有），结果如图 2-33 所示，这样就去掉了页眉的下划线。

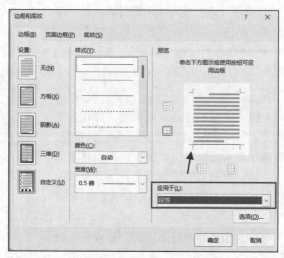

图 2-32 "边框和底纹"对话框

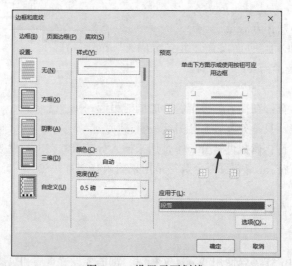

图 2-33 设置无下划线

4. 添加不同内容的页眉和页脚

在使用 Word 编辑文档时，有可能设置不同页的页眉和页脚内容不同，可以对不同页的页眉和页码分别设置。

可以用以下方法设置不同的页眉和页脚。

方法 1：单击"布局"选项卡|"页面设置"组的对话框启动器按钮，在弹出的"页面设置"对话框中选择"版式"选项卡，单击"页眉和页脚"|"奇偶页不同"复选框，如图 2-34 所示。

这种设置方法可以分别设置文档的奇数页和偶数页的页眉和页脚。

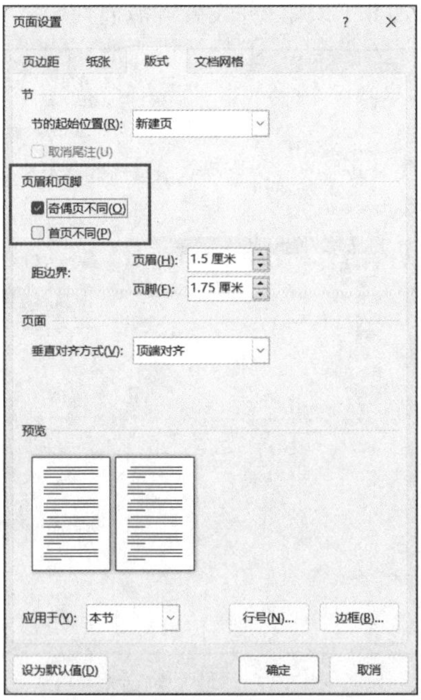

图 2-34　"页面设置"对话框

方法 2：插入几个"分节符"，把文档分成若干节，使每一节的页眉和页脚不同。

图 2-35 是未取消"链接到前一条页眉"，即本节页眉与前一节页眉相同。如本节和上一节页眉不同，将光标放到本节的页眉处，选择"页眉和页脚工具"|"设计"选项卡|"导航"组|"链接到前一条页眉"，即可取消与上一节页眉的链接（即本节页眉与上一节页眉不同，如图 2-36 所示取消了"链接到前一条页眉"。

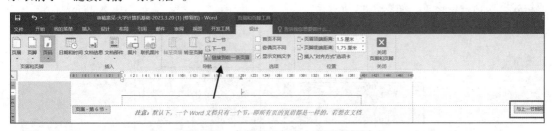

图 2-35　本节页眉与上一节页眉相同

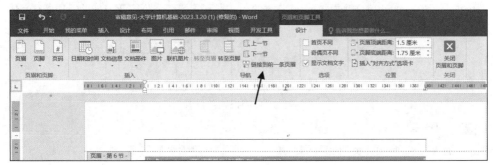

图 2-36　取消了"链接到前一条页眉"

方法 3：单击"插入"选项卡|"文本"组|"文档部件"|"域"按钮，弹出图 2-37 所示的"域"对话框，在"类别"中选择"styleRef"域，并设置"域属性"。

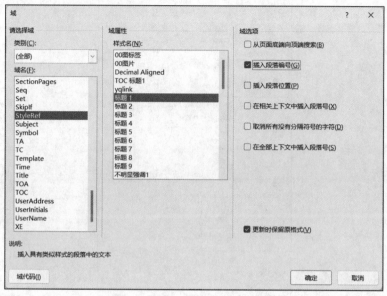

图 2-37 "域"对话框

2.3.4 页码

Word 中的"页码格式"对话框可指定编号格式（如–1–、–2–、–3–或 i、ii、iii）、章节号格式，以及文档或节中使用的起始页码。

1．插入页码

单击"插入"选项卡|"页眉和页脚"组|"页码"按钮，选择"设置页码格式"，在弹出的"页码格式"对话框中设置，如图 2-38 所示。

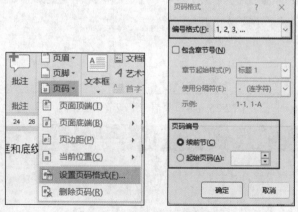

图 2-38 "页码格式"设置

2．删除"页码"

单击"插入"选项卡|"页眉和页脚"组|"页码"|"删除页码"命令。

【例 2-6】在【例 2-5】的基础上给文档加上不同的页眉和页脚，具体要求如下：

给出的素材共计有 3 章的内容，封面页不加页眉和页脚，正文的页眉是每章的标题，页码是阿拉伯数字 1、2、3 等。

分析：素材应该至少分成 4 节。

第 1 节为封面页；

第 2 节为第 1 章　会计：用于决策的信息；

第 3 节为第 2 章　会计循环：财务会计的日常程序与方法；

第 4 节为第 3 章　会计循环：财务会计的期末程序与方法。

操作步骤：

① 在文档每一章开始位置插入另起一页的分节符（插入三个分节符，文档被分成四节）。

② 在第 1 章页眉处双击，取消选中"页眉和页脚工具-设计"选项卡|"选项"组|"首页不同"复选框，这时会看到第 2 节（第 1 章）的页眉默认的与上一节页眉（封面页）相同，如图 2-39 所示，应取消"链接到前一条页眉"的链接，取消后如图 2-40 所示。

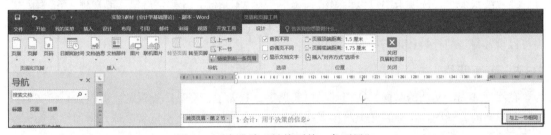

图 2-39　未取消"链接到前一条页眉"

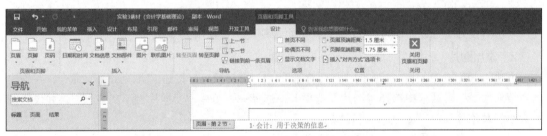

图 2-40　取消了"链接到前一条页眉"

③ 同样方法取消第 2 章、第 3 章所在的节的"首页不同"与"链接到前一条页眉"的链接。

④ 将文档第 1 章、第 2 章和第 3 章的标题复制粘贴到页眉处，完成页眉的设置。

⑤ 将光标放到第 1 章的页脚处，同样要取消该节的页脚与上一节页脚的链接，然后选择"页眉和页脚工具-设计"选项卡|"页眉和页脚"组|"页码"按钮，单击"设置页码格式"按钮，弹出图 2-41 所示的"页码格式"对话框，选择"编号格式"为阿拉伯数字 1，2，3，…，设置页码的起始编号从 1 开始。

⑥ 设置第 2 章的页码。在第 2 章页脚处双击，单击"设置页码格式"按钮，弹出图 2-41 所示的"页码格式"对话框，选择"编号格式"为阿拉伯数字 1，2，3…，设置"页码编号"续前节，这时第 2 章的页码会跟第 1 章的

图 2-41　"页码格式"对话框

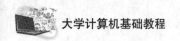

大学计算机基础教程

页码连续排。同理设置第3章的页码。

至此，第1章、第2章和第3章的页眉分别为每章的标题，页码是从阿拉伯数字1开始连排，封面页没有页眉和页码。

2.3.5 页面设置

单击"布局"选项卡"页面设置"组的对话框启动器按钮，在弹出的"页面设置"对话框可以设置页面的布局和打印选项。"页面设置"对话框包含"页边距"、"纸张大小"、"版式"和"文档网格"四个选项卡。

"页面设置"对话框中的"页边距"选项可以设置"页边距"。

如果要双面打印，设置装订线的方法如下：

① 选择"布局"选项卡的"页面设置"组的对话框启动器按钮，在弹出的"页面设置"对话框中的"页边距"选项中设置"自定义边距"|"装订线"。

② 双页印：在"页面设置"对话框中的"页边距"选项中选择"页码范围"|"对称页边距"。

在"纸张大小"选项卡中可以设置纸张大小，有A4、B5、16开、自定义等选项。在"版式"选项卡中可以设置文档的页眉效果和位置，文档在页面中的垂直位置等。在"文档网格"选项卡中可以设置每页的行数和每行中的字数等。

2.3.6 页面背景

在阅读Word文档的时候，文档都是白底黑字，看久了，容易产生视觉疲劳；如果给文档添加一张漂亮的背景图片，在视觉上给读者一种新鲜感，能够快速吸引读者眼球，增加读者阅读兴趣，缓解读者视觉疲劳。

1. 添加颜色

单击"设计"选项卡|"页面背景"组|"页面颜色"按钮|"填充效果"命令。

2. 添加图片

方法1：单击"设计"选项卡|"页面背景"组|"页面颜色"按钮|"填充效果"命令，在弹出的"填充效果"对话框中选择"图片"选项卡，选择一张图片，使图片衬于文字下方，并设置图片大小、颜色等。

方法2：在"页眉"中插入图片。在"页眉"处双击，插入一张图片，在页眉中设置图片的方法与正文中图片设置的方法相同。

3. 添加水印背景

（1）添加水印

单击"设计"选项卡|"页面背景"组|"水印"按钮|"自定义水印"命令，在弹出的"水印"对话框中设置。

（2）删除水印

单击"设计"选项卡|"页面背景"组|"水印"按钮|"删除水印"命令。

2.4 长文档编辑排版（一）

在日常的工作和学习中，经常会遇到长文档的编辑，长文档的内容多，目录结构复杂，如果不使用正确的方法，整篇文档的编辑可能会事倍功半。

2.4.1　项目符号、编号和多级列表的使用

如图 2-42 所示，"项目符号"只是一种平行排列标志，表示某项下可有若干条目。"编号"跟上面的项目符号差不多，但能看出先后顺序，也方便识别条目所在位置。"多级别表"是对某一具体条目的多级细分。

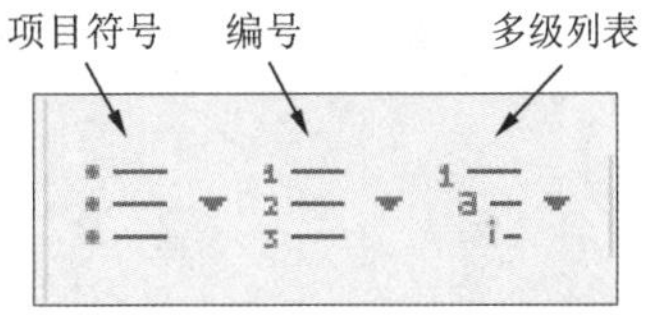

图 2-42　项目符号、编号和多级列表

1．项目符号

（1）添加项目符号

单击"开始"选项卡|"段落"组|"项目符号"下拉箭头，在"项目符号库"中选择。

（2）更改项目符号的图案

单击"开始"选项卡|"段落"组|"项目符号"|"定义新项目符号"命令，在弹出的对话框中单击"符号"或"图片"按钮进行设置。

（3）更改项目符号的大小及颜色

单击"开始"选项卡|"段落"组|"项目符号"|"定义新项目符号"命令，在弹出的对话框中单击"字体"按钮进行设置。

（4）修改级别

单击"开始"选项卡|"段落"组|"项目符号"|"更改列表级别"命令设置。

（5）取消项目符号

选中需要取消项目符号的段落，或将光标放在该段落，单击"开始"选项卡|"段落"组|"编号"按钮即可取消该段落的项目符号，如果需要再次显示，再次单击即可。

2．编号（可以理解为把符号改成数字）

（1）添加编号

单击"开始"选项卡|"段落"组|"编号"下拉箭头，如果有满足样式的编号直接选择，若没有满足样式的编号，在"定义新编号格式"对话框中设置。

（2）更改编号格式

单击"开始"选项卡|"段落"组|"编号"|"定义新编号格式"命令，弹出"定义新编号格式"对话框，在"编号样式"下拉列表中选择，在"编号格式"中可以对编号样式进行格式设置。

注意："编号样式"只能选择，不可以直接写，否则不能自动编号。

（3）重新编号

如果需要对编号值重新开始编号，选择"开始"选项卡|"段落"组|"编号"|"设置编号值"命令进行设置。

3．多级列表

选择"开始"选项卡|"段落"组|"多级列表"下拉箭头进行设置。

单击"开始"选项卡|"段落"组|"多级别表"|"列表库"，选择某种样式的多级别表，如"1　1.1　　1.1.1"。

单击"开始"选项卡|"段落"组|"增加缩进量"按钮 （快捷键【Tab】）或"减少缩进量" （快捷键【Shift+Tab】）来控制多级别表的级别。

如果预设中没有需要的多级列表格式，可以先在"列表库"选择某一种相近格式的多级列表，然后选择"定义新的多级列表"，在弹出的图 2-43 所示的对话框中设置。

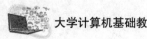

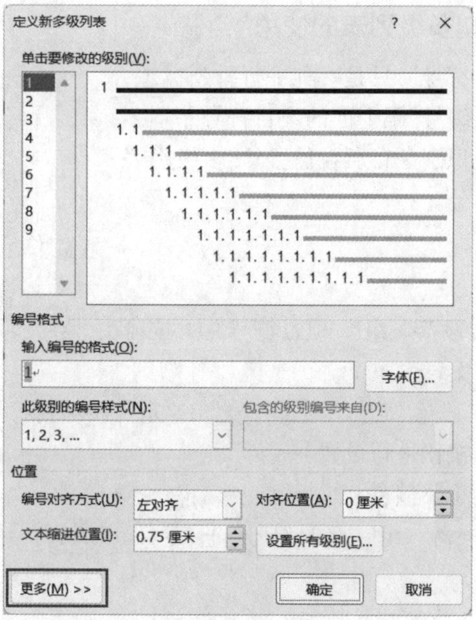

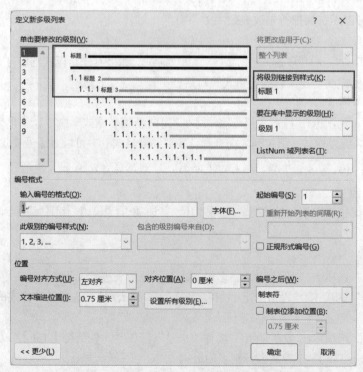

图 2-43 "定义新多级列表"对话框

设置多级列表的同时，也可以修改每一级列表的文本样式。

在图 2-43 中单击"更多"按钮，在弹出的图 2-44 所示的对话框中，设置"将级别链接到样式"。

图 2-44 "更多"展开后设置多级列表的样式

2.4.2　样式

"样式"是指设置某一段落或文字的一组参数，包括字体、字号、颜色、对齐方式、间距等格式，把一组格式命名为一个样式后，就可以将它应用于文档中的段落或文字中，也可以使用内容样式或自定义样式。

1．应用标题样式

标题样式是应用于标题的格式设置。

方法 1：选择"开始"选项卡│"样式"组中所需的样式。

方法 2：单击"开始"选项卡│"样式"组的对话框启动器按钮，在下拉列表中选择。

2．修改样式

如果 Word 自带库中的样式无法满足用户的各种要求，可根据需要修改样式的格式。

方法 1：在某个样式上右击，在弹出的快捷菜单中选择"修改"命令。

方法 2：单击"开始"选项卡│"样式"组的对话框启动器按钮，弹出图 2-45 所示的"样式"窗格，选择窗口底部的"管理样式"按钮，弹出图 2-46 所示的"管理样式"对话框，在"选择要编辑的样式"中找到需要修改的样式，再单击"修改"按钮。

图 2-45　"样式"窗格

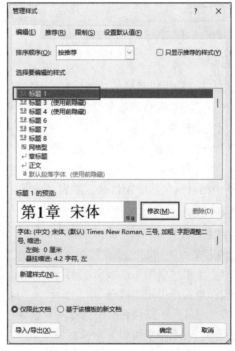

图 2-46　"管理样式"对话框

3．新建样式

如果样式库中的样式不能满足需要，也可以自己新建样式。

单击图 2-47 所示"样式"窗格底部的"新建样式"按钮，弹出"根据格式化创建新样式"对话框创建即可，如图 2-48 所示。

图 2-47 单击"新建样式"按钮

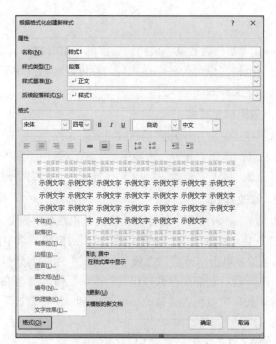

图 2-48 创建新样式

2.4.3 目录

Word 具有自动生成目录的功能。手工编写目录不仅烦琐，而且一旦因修改文章而使标题所在页码发生变化，甚至调整了章节结构，目录又需要重新编写。Word 自动编写的目录可以方便地更新，以适应文档的修改。

要用 Word 方便地自动生成目录，需要有一定的条件，那就是标题使用不同于正文的样式，或者设置了大纲级别。

Word 中的目录包括标题目录、图表目录等。

1. 标题目录

（1）创建标题目录

首先确定文档的标题已经设置好。

方法 1：单击"引用"选项卡|"目录"|"自动目录 1"或"自动目录 2"。

方法 2：单击"引用"选项卡|"目录"|"自定义目录"命令，弹出图 2-49 所示的"目录"对话框，在"格式"下拉列表框中选择一种目录格式，如"古典"或"优雅"格式等，"显示级别"中如果选择 3，目录一般可以显示从标题 1 到标题 3 的三级目录，也可以通过"选项"按钮修改"目录选项"的设置，通过"修改"按钮修改目录的样式。

（2）更新标题目录

如果文档的内容有增减使所在页码发生变化，甚至调整了章节结构，这时候就需要更新标题目录，方法如下：

方法 1：单击"引用"选项卡|"目录"组|"更新目录"按钮，弹出图 2-50 所示的"更新目录"对话框，根据需要选择其中之一即可。

方法 2：选中生成的目录，右击在弹出的快捷菜单中选择"更新域"命令。

方法 3：在目录区域的任何位置右击，按【F9】键更新域。

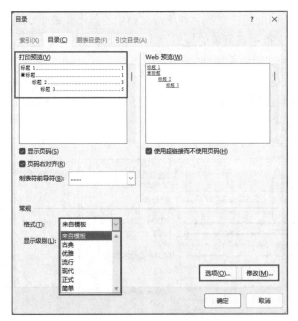

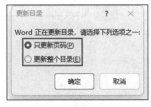

图 2-49　"目录"对话框

图 2-50　"更新目录"对话框

（3）删除标题目录

单击"引用"选项卡|"目录"组|"删除目录"命令。

2．图表目录

图表目录是对 Word 文档中的图、表、公式等对象编制的目录。

要用 Word 方便地生成图表目录，需要对图、表和公式创建目录。

创建图表目录的操作如下：

① 单击"引用"选项卡|"题注"组|"插入表目录"按钮，弹出图 2-51 所示的"图表目录"对话框，选择"图表目录"选项卡。

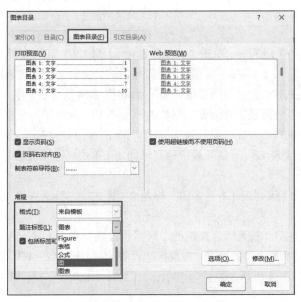

图 2-51　"图表目录"对话框

●微视频

例 2-7

② 在"题注标签"中选择不同的题注对象，如要对文档中的若干张表生成表目录，可以选择"表"标签，即可完成文档中表目录的生成。

【例 2-7】对【例 2-6】的结果文档继续完成如下操作：

① 用多级列表完成文档标题的编号设置（1 级列表为第 1 章，2 级列表为 1.1，3 级列表为 1.1.1），并将文章的各级标题链接到标题 1、标题 2、标题 3 的样式，设置如图 2-52 所示。

② "自动目录 1"生成文档的三级标题目录。

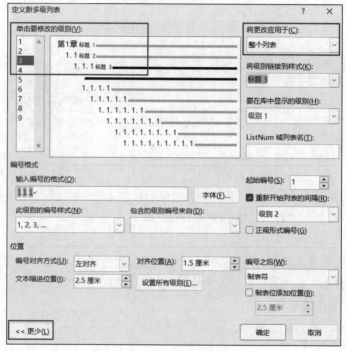

图 2-52 多级列表

操作步骤：

① 首先设置文档的多级列表。单击"开始"选项卡|"段落"组|"多级列表"下拉箭头，选择"列表库"中的"1　1.1　1.1.1、……"多级列表，如图 2-53 所示，在列表库的多级列表"1　1.1 1.1.1、……"的基础上选择"定义新的多级列表"，弹出图 2-54 所示的"定义新多级列表"对话框。

② 单击"定义新多级列表"对话框左下角的 更多(M) >> 按钮（展开了对话框），先选择"单击要修改的级别"中的"1"级列表，在"编号格式"中"1"的前面加"第"，在"1"的后面加"章"，然后选择"将级别链接到样式"下拉列表中的"标题 1"样式，这样就把"1"级列表设置成了标题 1 的样式。

③ 同样方法将"2"级列表 1.1 链接到"标题 2"样式，"3"级列表 1.1.1 连接到"标题 3"的样式。

④ 多级列表设置完后，就可以将文档的 1 级标题设置为"第 1 章、第 2 章、第 3 章、……"，同时 1 级标题采用了"标题 1"的样式，2 级标题设置为"1.1、1.2、1.3、……"，同时 2 级标题采用了"标题 2"的样式，3 级标题设置为"1.1.1、1.1.2、1.1.3、……"，同时 3 级标题采用了"标题 3"的样式。

⑤ 将文档的所有三级标题都设置好了"标题 1、标题 2 和标题 3"样式后，就可以生成文档的目录了。将光标放在要生成目录的位置，选择"引用"选项卡|"目录"组|"目录"|"自动目录 1"，即可生成文档的 3 级目录。部分目录如图 2-55 所示。

图 2-53　设置"多级列表"

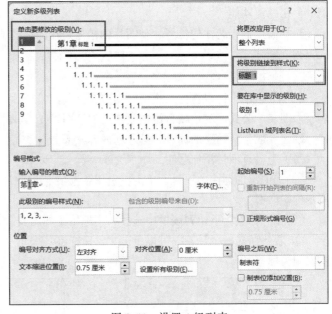

图 2-54　设置 1 级列表

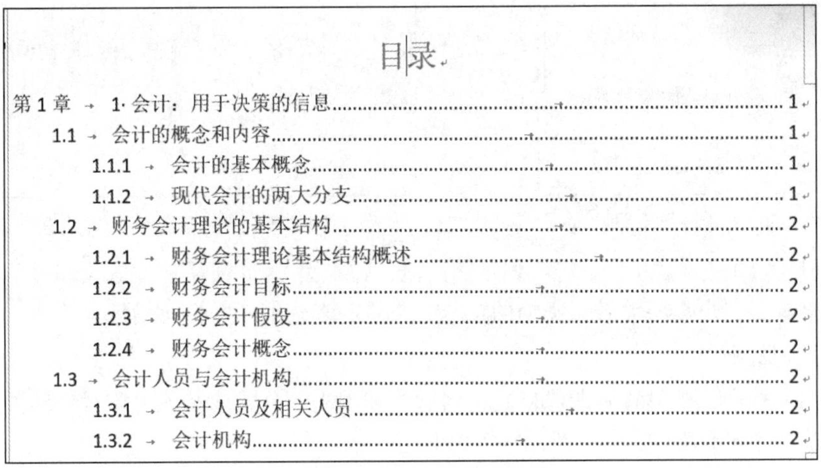

目录

图 2-55　部分目录（第 1 章）

2.5 长文档编辑排版（二）

上一节设置了多级列表并在多级列表中对各级标题进行级别链接，从而实现对各级标题的自动数字编号，而不是手动打编号。插入题注后也会自动对题注进行编号。

2.5.1 题注和交叉引用

"题注"是添加到表格、图表、公式或其他项目上的名称和编号标签，添加题注后可以在文档的任意位置交叉引用对象。

"交叉引用"是在文档的一个位置引用文档另一个位置的内容，类似于超链接，只不过交叉引用一般是在同一文档中相互引用。

比如假设一情景，我们在写论文的时候需要对某一个章节下的图片或表格进行描述，那么就需要使用题注功能。

选择需要插入题注的位置，如图片的题注是在图片的下方插入题注，表格的题注是在表格的上方插入题注。

1. 题注

在 Word 中，可以在插入表格、图表、公式或其他项目时自动地添加题注，也可以为已有的表格、图表、公式或其他项目添加题注，如"图片 1""表格 1-1"等。

题注一般包括题注的标签、编号和内容三部分。

（1）为已有项目添加题注

① 选中添加题注的项目，单击"引用"选项卡 |"题注"组 |"插入题注"按钮，弹出图 2-56 所示的对话框。

② 在"标签"下拉列表框中选择一个标签（如图表、表格、公式等）。

③ 若要新建一个标签，可以单击"新建标签"按钮，在弹出的图 2-57 所示的对话框中输入要使用的标签名。

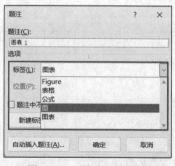

图 2-56 "题注"对话框

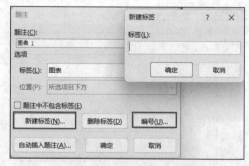

图 2-57 "新建标签"对话框

④ 若要修改题注的编号，单击"编号"按钮，弹出图 2-58 所示的"题注编号"对话框，可以设置编号格式，也可以将编号跟文档的章节号联系起来，如图 2-58 所示。

2. 自动添加题注

在打开的文档中，先设置好题注格式，然后添加图表、公式或其他对象时自动添加题注。

以自动插入 Word 表格题注为例，操作如下：

① 单击"引用"选项卡 |"题注"组 |"插入题注"按钮，弹出"题注"对话框。

② 单击"题注"对话框中的"自动插入题注"按钮，弹出"自动插入题注"对话框，如图 2-59 所示。

③ 选择"插入时添加题注"的项目（如要插入表格题注，选择"Microsoft Word 表格"，在"选项"的设置中，选择题注"使用标签"种类和题注的"位置"。

图 2-58　"题注编号"对话框

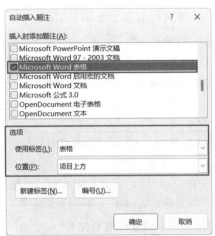

图 2-59　"自动插入题注"对话框

3．交叉引用

在 Word 中，可以在多个不同的位置使用同一个引用源的内容，这种方法称为交叉引用。建立交叉引用实际上就是在要插入引用内容的地方建立一个域，当引用源发生改变时，交叉引用的域将自动更新。可以为标题、脚注、书签、题注、编号段落等创建交叉引用。

（1）创建交叉引用

创建的交叉引用仅可引用同一文档中的项目，其项目必须已经存在。

① 移动光标到要创建交叉引用的位置，单击"引用"选项卡|"题注"组|"交叉引用"按钮，弹出"交叉引用"对话框，如图 2-60 所示。

② 在"引用类型"下拉列表框中选择要引用的项目类型，如选择"图"选项；在"引用内容"下拉列表框中选择要插入的信息内容，如"整项题注""只有标签和编号""只有题注文字"等；在"引用哪一个题注"列表框中选择要引用的题注，然后单击"插入"按钮，选定的题注将自动添加到文档中。

（2）更新交叉引用

当文档中被引用项目发生了变化，如添加、删除或移动了题注，交叉引用应随之改变，称为交叉引用的更新。可以更新一个或多个交叉引用。

图 2-60　"交叉引用"对话框

① 若要更新单个交叉引用，选定该交叉引用。若要更新文档中所有的交叉引用，选定整篇文档。

② 在所选内容处右击，在弹出的快捷菜单中选择"更新域"命令，或按【F9】键。

2.5.2 脚注和尾注

在专业文档或论文制作时，常常需要注明文档中引用资料的来源，可以采用脚注和尾注的方式来实现。

- 脚注通常放在当前页的下端。
- 尾注放在文档的末尾或节的末尾。

1. 插入"脚注"或"尾注"

方法1：单击"引用"选项卡|"脚注"组|"插入脚注"按钮或"插入尾注"按钮。

方法2：单击"引用"|"脚注"组的对话框启动器按钮，弹出图2-61所示的对话框。

在图2-61中，可以设置"脚注和尾注"的"位置"和编号的"格式"。

单击"插入"按钮，在下方输入脚注或尾注的内容。修改的时候和正文的编辑方法一样，直接修改即可。

2. 修改脚注或尾注"编号格式"

在图2-61所示的对话框的"编号格式"下拉列表框中选择需要的编号格式。

3. 互换脚注和尾注

如果文档已经有了"脚注"或"尾注"，如需要互换，可以在图2-61所示的对话框中单击"转换"按钮。

4. 删除脚注或尾注

直接删除脚注符号即可。

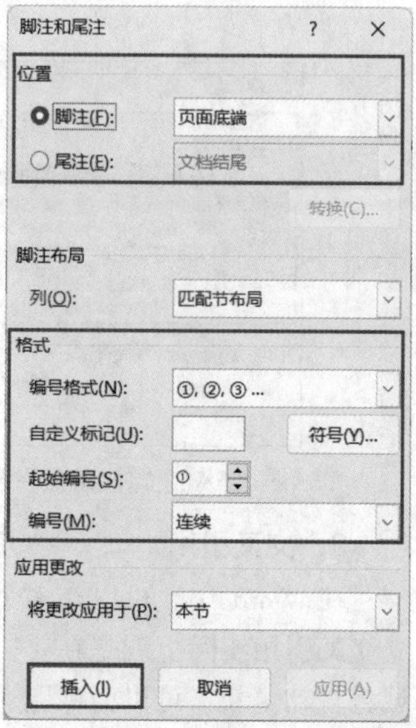

图 2-61 "脚注和尾注"对话框

2.5.3 文档的审阅

当多人审阅、修改同一篇文档时，希望在修订文档时能够显示出每个人修改的结果，供原作者或其他人参考。

1. 修订

当Word是在修订状态下操作时，用户的任何一个操作都会被记录下来，并且是用不同于正文的颜色标记。

比如，别人发送了文件想请你帮忙修改，但同时，你想要清楚地显示帮别人修改的细节，这时候Word的修订功能就非常有用了。

审阅者：直接在原文上增、删内容，修改格式等，并保留修改过程。

原作者：接受或拒绝修订，避免混乱可备份原文档。

插入的内容用不同颜色显示并添加下划线，删除的内容加删除线，修改的段落左侧标记一条竖线，示例结果如图2-62所示。

（1）开启/关闭修订

单击"审阅"选项卡|"修订"组|"修订"按钮，打开了"修订"功能，进入修订模式，再次单击则退出，如图2-63所示。

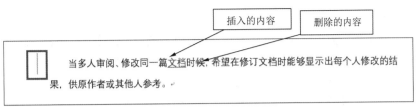

图 2-62　修订

（a）选定修订功能

（b）未选定修订功能

图 2-63　选定了修订功能与未选定修订功能比较

打开"修订"功能后，Word 将跟踪每一处修改。

（2）接受/拒绝修订

原作者接收审阅者修订的文档，酌情考虑是否接受修订。

修改后的结果可以采纳（接受），也可以拒绝。

① 单击"审阅"选项卡│"更改"组│"接受"按钮，将修订内容加入原文档中。

② 单击"审阅"选项卡│"更改"组│"拒绝"按钮，将不采纳修订内容。

（3）修订的高级设置

单击"审阅"选项卡│"修订"组的对话框启动器按钮，打开"修订选项"对话框，单击"高级选项"按钮，可以修改修订的选项，如图 2-64 所示。

图 2-64　修订选项

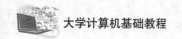

2．批注

审阅者可以在文档中插入批注。批注不是直接改动文档内容，而是审阅者阐述对文档的意见和注释，方便自己或他人更容易理解文档内容。批注框出现在文档的页边距处。

原作者和审阅者都能用批注。

原作者：记录一些自己写文档时的想法，告知审阅者。

审阅者：在批注中，向作者建议、提问或与之讨论。

（1）添加批注

① 将插入点放到要添加批注的地方。

② 单击"审阅"选项卡|"批注"组|"新建批注"按钮。

③ 在文档页面边距的批注框中输入批注的内容，示例结果如图 2-65 所示。

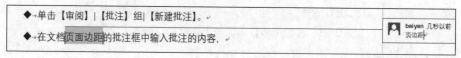

图 2-65 "批注"示例

（2）编辑或删除批注

① 在加入批注的位置右击，在弹出的快捷菜单中选择"编辑批注"或"删除批注"命令即可编辑或删除单个批注。

② 单击"审阅"|"批注"组|"删除"按钮|"删除文档中的所有批注"命令可以一次删除所有的批注。

2.5.4　域

域是 Word 中最具特色的工具之一，它引导 Word 在文档中自动插入文字、图形、页码、目录、索引、交叉引用、自动计算或其他信息的一组代码，在文档中使用域可以实现数据的自动更新和文档自动化。

1．域的概念

域是 Word 中的一种特殊命令，它分为域代码和域结果。

域代码是由域特征字符、域类型、域指令和开关组成的字符串。

域结果是域代码所代表的信息，域结果根据文档的变化或相应因素的变化而自动更新。

2．常用域

单击"插入"|"文本"组|"文档部件"|"域"按钮，打开图 2-66 所示的"域"对话框。

在 Word 2016 中，域分为编号、等式和公式、链接和引用、日期和时间、索引和目录、文档信息、文档自动化、用户信息和邮件合并九种类型共 77 个域。下面介绍几个常用的域。

① AutoNum 域：自动插入段落编号。

② Page 域：在 Page 域所在处插入页码。

③ SectionPages 域：插入当前节的总页数。

④ Section 域：插入当前节的编号。

⑤ StyleRef 域：插入具有指定样式的文本。如果将此域插入页眉或页脚，则每页均显示当前页上具有指定样式的第一处或最后一处文本。

图 2-66　"域"对话框

微视频●
例 2-8（1）

【例 2-8】对【例 2-7】的结果文档继续完成如下操作：

① 对【例 2-7】的结果文档中所有图片插入题注和交叉引用；

题注示例： 注意灰色底纹的部分 1-1。

交叉引用示例：会计信息系统如图 1.1 所示，注意灰色底纹的部分图 1-1。

② 生成图表目录，结果如图 2-67 所示。

单击图表目录，看到了灰色底纹。

微视频●
例 2-8（2）

图 2-67　图目录

微视频●
例 2-8（3）

③ 删除【例 2-7】结果文档的页眉，使用 StyleRef 域，在页眉中插入标题 1 样式的段落编号和内容，如图 2-68 所示，保证文档中标题 1 样式的段落内容改变时，页眉的内容会同步更新。

第 1 章·会计：用于决策的信息

图 2-68　页眉

操作步骤：

① 给题注新建一个"图"标签，如图 2-69（a）所示。

② 设置"题注"的编号。如果题注的编号需要包含章节号，单击"编号"按钮，弹出图 2-69（b）所示的对话框，选择编号的格式，如果编号需要包含章节号，选中"包含章节号"复选框。

③ 将光标放在需要添加题注的第一张图的下方，单击"引用"选项卡|"题注"组|"插入题注"按钮，再输入题注的内容如"会计信息系统"，即可在图的下方插入图的题注 图·1-1·会计信息系统 。

依此类推插入所有图的题注。

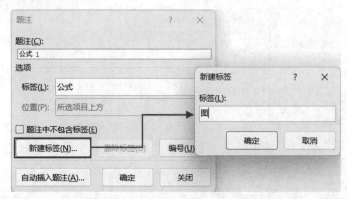

（a）新建标签

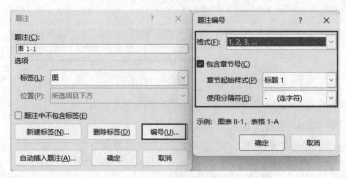

（b）设置题注编号

图 2-69　设置题注

④ 在需要引用图的题注的位置插入交叉引用。单击"引用"选项卡|"题注"组|"交叉引用"按钮，弹出图 2-70 所示的对话框，选择"引用类型"为"图"，"引用内容"为"只有标签和编号"，在"引用哪一个题注"中选择对应的题注即可，可以看到灰色底纹的交叉引用会计信息系统如图 1-1 所示，其他图的题注的交叉引用依此类推。

图 2-70　交叉引用

⑤ 将光标放在需要放置图目录的位置，然后选择"引用"选项卡 | "题注"组 | "插入表目录"按钮，弹出图 2-71 所示的"题注"对话框，选择题注"标签"为"图"，单击"确定"按钮生成文档中所有图的目录，结果如图 2-67 所示。

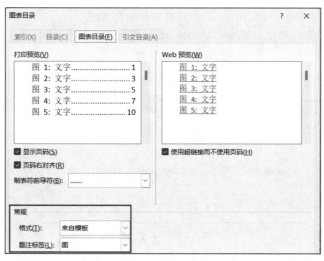

图 2-71　图表目录

⑥ 在【例 2-7】中为了插入不同的页眉，文档进行了分节（每章的交界处插入了分节符），如果使用 StyleRef 域插入页眉（页眉的内容为每章标题 1 的编号和内容），就不用给文档分节了，将之前插入的分节符删除即可。

⑦ 在页眉处双击，单击"插入"选项卡 | "文档部件" | "域"按钮，弹出图 2-72 所示的对话框，在"域名"中找到 StyleRef 域，在"域属性 | 样式名"中选择"标题 1"样式，在"域选项"中选择"插入段落编号"（即插入标题 1 的段落编号如：第 1 章、第 2 章等），再次重复刚才的操作插入"域选项"中的"插入段落位置"（即插入标题 1 样式的内容：·第1章 会计：用于决策的信息）。至此完成了文档正文页眉的设置。

图 2-72　插入 StyleRef 域

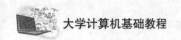

2.5.5 邮件合并

在文档制作过程中，经常要制作一个通知、信函等，同时发给多个人，Word 提供了一个方便的批量文档的制作工具——邮件合并。

邮件合并包含了三个主要部分：主文档、数据源和合并域。

【例 2-9】用邮件合并功能批量制作补考通知。

操作步骤：

① 首先创建一个 Word 主文档，如图 2-73 所示。

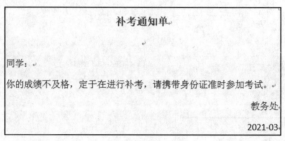

图 2-73 "主文档"

② 单击"邮件"选项卡|"开始邮件合并"组|"开始邮件合并"|"邮件合并分步向导"命令。

③ 向导的第 1 步，选择"信函"。

④ 向导的第 2 步，选择"使用当前文档"。

⑤ 向导的第 3 步，选择"使用现有列表"，在浏览处选择数据源 Excel 文件。

⑥ 向导的第 4 步，在主文档合适的地方选择"插入合并域"中需要的字段。

⑦ 向导的第 5 步，"预览信函"，如图 2-74 所示。

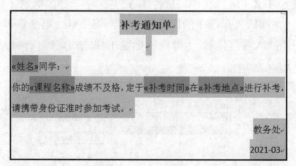

图 2-74 预览信函

⑧ 向导的第 6 步，"合成完成"，如图 2-75 所示。

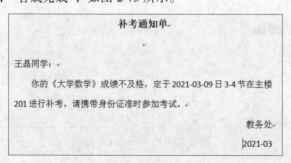

图 2-75 合并后文档第一条记录

小   结

本章主要讲述了以下内容：

① Word 2016 的窗口组成，新建 Word 文档，保存 Word 文档及文档的基本排版。

② 创建表格，文本与表格的相互转换，设置表格格式。

③ 插入图片及设置图片，插入艺术字、文本框、数学公式及特殊符号。

④ 插入封面、分隔符，设置不同的页眉和页脚及页面设置。

⑤ 设置项目符号、编号及多级列表，样式及目录。

⑥ 设置题注及交叉引用，脚注及尾注，文档的审阅，批注，域，邮件合并。

习   题

1. 对"习题 1-数据源"完成如下操作。

（1）将文中所有的手动换行符"↵"替换为段落标记。

（2）删除文中多余的空行和空格。

（3）文中的标题（"1.数据""2.信息""3.数据处理"）居中。

（4）将文中除标题（数据库系统概述）外的文本内容（即正文部分），以加粗、小四、微软雅黑显示。

（5）将文中除标题外的文本内容（即正文部分），每个段落设置首行缩进 2 个汉字，段前、段后间距为 0.5 行，行间距为 16 磅。

（6）将文中的所有的"数据"替换为"Date"（颜色为蓝色、字号为四号）。

（7）将文中蓝色的背景去掉。

（8）对（数据库的出现……解决的问题）一段设置首字下沉。

（9）对（数据库的出现……解决的问题）一段设置分栏，分为栏宽相等的两栏。

（10）将文档加单实线的页面边框。

2. 对"习题 2-数据源"完成成绩表的制作，结果如图 2-76 所示。

成绩表

姓名 科目	计算机基础	精读	体育	思政	总分
贾玥月	8	8	10	9	35
王韧宏	10	8	10	10	38
王俊	10	8	10	8	36
赵雨	10	9	8	6	33
谢军好	9	9	9	9	36
袁捷民	10	7	10	9	36
胡凯	10	7	10	9	36
王澜	9	6	8	10	18
张子	10	9	9	10	38
胡暄	8	7	8	10	33
杨钧	9	7	7	9	32
吴诗	10	6	8	9	33

图 2-76 题目 2 结果

具体要求如下：

（1）将素材文本转化成表格。

（2）在表格上方插入"成绩表"艺术字（格式任选）。

（3）对表格设置合适的行高、列宽（表格宽度刚好和纸张同宽），表格的内外框线及绘制斜线表头。

（4）表格内每个单元格文字居中（水平和垂直均居中）。

（5）表格底部插入任意一张图片，将图片颜色设置为合适的背景颜色。

（6）插入新的列"总分"，并使用公式完成计算。

（7）完成图 2-77 所示的含有智能控件的表格，选取合适类型的控件种类，然后输入一条或几条记录。

姓名	性别	出生日期	学历	政治面貌	籍贯
王小丽	女	1999-01-01	研究生	党员	北京
单击或点击此处输入文字。	选择一项。	单击或点击此处输入文字。	选择一项。	选择一项。	单击或点击此处输入文字。
单击或点击此处输入文字。	选择一项。	单击或点击此处输入文字。	选择一项。	选择一项。	单击或点击此处输入文字。
单击或点击此处输入文字。	选择一项。	单击或点击此处输入文字。	选择一项。	选择一项。	单击或点击此处输入文字。

图 2-77　含有只能控件的表格

（8）对整个文档使用"限制编辑"，只有控件内容可以编辑，文档的其他内容不可编辑修改，如图 2-78 所示。

3. 对"习题 3-数据源"完成如下操作。

（1）将素材插入"花丝"封面，并将标题"会计学基础理论（精简版）"分两行显示，在下面的日期控件中选择当天的日期，在公司控件中输入自己的姓名，结果参照图 2-79。

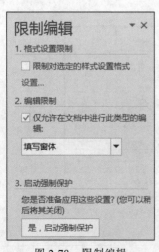

图 2-78　限制编辑

图 2-79　封面

① 封面样式是花丝封面；

② 标题文字“会计学基础理论（精简版）”分两行显示（需要设置该控件的属性）；

③ 多余的控件都删除。

（2）对素材按要求插入页眉和页脚（此处的页眉不要求用 StyleRef 做）。

① 素材共计有三章的内容；

② 封面页不要页眉和页脚；

③ 正文的页眉是每章的标题，页码是阿拉伯数字 1、2、3 等，从 1 开始；

④ 正文的页眉如图 2-80 所示。

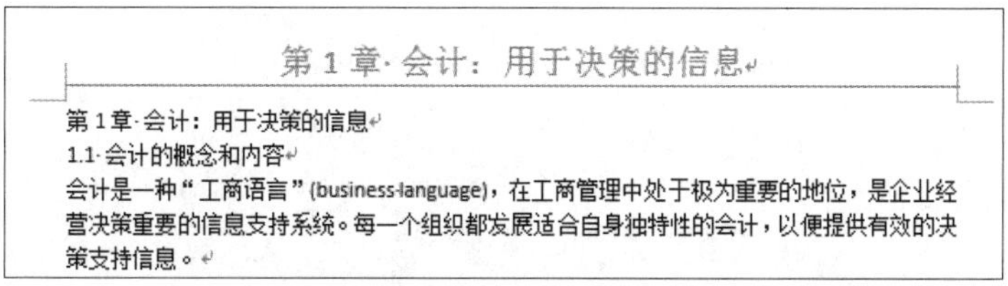
第 1 章·会计：用于决策的信息↵

第 1 章·会计：用于决策的信息↵
1.1·会计的概念和内容↵
会计是一种“工商语言”(business·language)，在工商管理中处于极为重要的地位，是企业经营决策重要的信息支持系统。每一个组织都发展适合自身独特性的会计，以便提供有效的决策支持信息。↵

图 2-80　插入页眉

提示：

首先分析素材应该至少分成四节，所以应该至少插入三个分节符。

① 第 1 节为封面页；

② 第 2 节为第 1 章　会计：用于决策的信息；

③ 第 3 节为第 2 章　会计循环：财务会计的日常程序与方法；

④ 第 4 节为第 3 章　会计循环：财务会计的期末程序与方法。

（3）完成如下的页面设置。

① 纸张方向为纵向；

② 页边距：上下左右均为 2 厘米；

③ 设置每页显示 40 行，每行 42 个字符。

（4）给文档添加“水印”背景，自定义水印文字，文字内容为“学号姓名”。

4. 长文档编辑排版（一）

在第 3 题结果的基础上完成以下操作：

（1）对文档的标题序号使用“多级列表”设置（见图 2-81），格式为：

第 1 章

1.1

1.1.1

（2）将文档标题按如下要求设置：

① 文档的一级标题（如第 1 章、第 2 章等）设置为“标题 1”的样式，并将字体颜色设置为红色，加下划线；

② 文档的二级标题（如 1.1、1、2 和 2.1 等）设置为“标题 2”的样式，并将字体颜色设置为绿色，加下划线；

③ 文档的三级标题（如 1.1.1、1.1.2 等）设置为“标题 3”的样式，并将字体颜色设置为蓝色，加下划线。

（3）使用“古典”目录格式生成该文档的三级目录，并将制表符前导符改为点虚线……。

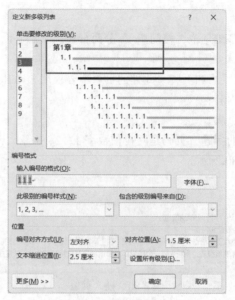

图 2-81　定义新多级列表

（4）给文档不同的节设置不同的页眉和页码。

① 标题页不要页眉和页码；

② 目录页不要页眉，页码设置为大写的罗马字符Ⅰ、Ⅱ等，从Ⅰ开始；

③ 正文的页眉是每章的标题，页码从1开始，1、2、3等。

5. 长文档编辑排版（二）及邮件合并

在第4题结果的基础上完成以下操作：

（1）在文档需要插入图片的地方插入给定的图片，并给图片插入题注及交叉引用（见图2-82）。

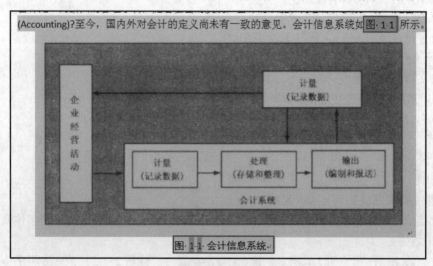

图 2-82　插入题注及交叉引用示例

（2）生成该文档的图目录，结果如图2-83所示。目录放在标题目录之后，另起一页。

（3）将之前插入的各章页眉删除（同时要删除各章的分节符），使用插入"文档部件"|"域"|StyleRef 的方法重新插入各章的页眉。

图目录

图 2-83　图目录示例

（4）给文档插入以下几个脚注（不限哪一页）。

① 现代会计：Modern accounting；

② 财务会计：Financial accounting。

（5）使用给定的主文档和数据源，使用"邮件合并"功能在完成主文档和数据源的合并。

第 3 章
Excel 2016
电子表格应用

Excel 可以处理课程表、进度表、日程安排等文本表格，更擅长数据处理。在这一章主要介绍数据的基本编辑、常用管理方法，以及一些常用函数和数据统计分析，使人们更有效地对生活、学习和工作中的数据进行管理和分析，支持后期决策。

3.1 Excel 应用基础

3.1.1 Excel 2016 的工作界面

Excel 的工作界面和 Word 类似，同样包括快速访问工具栏、标题栏、功能区和状态栏等，如图 3-1 所示。其中工作区是工作界面的主要部分。

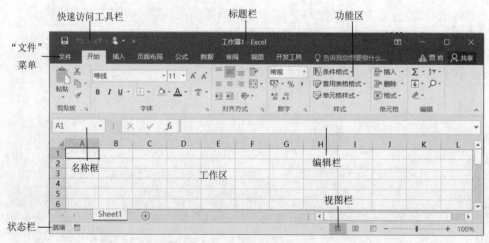

图 3-1 Excel 2016 的工作界面

3.1.2 Excel 2016 的工作区

工作区是 Excel 的主体部分，也称编辑窗口，集中了数据的输入、编辑、统计、格式化等主要功能。它由单元格和相应的标识组成，如图 3-2 所示。

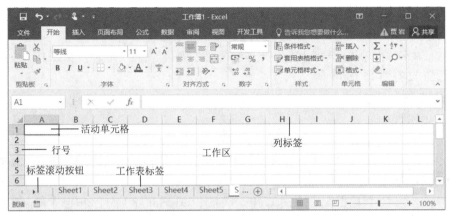

图 3-2 Excel 2016 的工作区

1．行号与列标

（1）行号

以数字表示，如 1、2、3、……，最多达 1 048 576 行。

（2）列标

以字母表示，如 A、B、C、……、AA、AB、AC、……，直至 XFD，最多 16 384 列。

2．工作表标签及标签滚动按钮

新建一个工作簿的方法和新建文档类似。新建的工作簿默认包含一张工作表，默认名称为
Sheet1，可以根据需要增加、减少工作表，并更改名称。单击工作表标签选取当前工作表，如果
工作表比较多，可以使用标签滚动按钮将所需工作表标签显示在标签显示区。

3.1.3 单元格

单元格是组织数据的最基本单位。

1．单元格地址

单元格地址用于准确标识单元格的位置，默认使用 A1 表示法，由行号列标组成，如 A1（A
列第 1 行）、B6（B 列第 6 行）等，如果引用为其他工作表的单元格，前面加上表的名字，工作表
名称和单元格地址之间用"！"间隔，如 Sheet3!F5。

2．选定单元格

进行数据操作时应先选定单元格以确定操作对象，有如下三种操作方法：

方法 1：鼠标单击。

方法 2：光标键移动。

方法 3：在名称框内输入单元格名称。

3．选定行/列

（1）选定单行或单列

单击行号或列标即可。

（2）选定连续行或连续列

方法 1：鼠标在行号或列标上连续拖动。

方法 2：单击第一行或列，按住【Shift】键单击最后一行或列。

方法 3：在名称框输入行号或列标，如 7:9（表示选定第 7～9 行）。

（3）选定不连续行或连续列

方法1：单击第一行或列，再按住【Ctrl】键单击其他行或列。

方法2：在名称框输入行号或列标，不连续区域之间用逗号隔开，如 7:9,12:15（表示选定第7至第9行和12行到15行）。

4. 选定单元格区域

（1）选定连续区域

方法1：按下鼠标拖动经过要选定的区域。

方法2：单击要选区域的任意一角（矩形区域的四个角都可以）单元格，再按【Shift】键同时单击对角线位置的单元格。

方法3：先选定连续数据区的任一单元格，再按【Ctrl+Shift+8】或【Ctrl+A】组合键将整个连续数据区选定。

方法4：在编辑栏名称框中输入要选区域的引用地址，如 A2:G7。

（2）选定不连续区域

方法1：先选定一个区域，再按住【Ctrl】键逐个选中其他区域。

方法2：在编辑栏名称框中输入要选区域的引用地址，如 A2:B7,C5:E8。

（3）全选

方法1：单击"全选"按钮 （行号和列标交叉点）。

方法2：先单击数据区域外的一个单元格，再按【Ctrl+A】组合键。

5. 命名单元格及单元格区域

（1）命名单元格及单元格区域的方法

方法1：使用名称框：先选中要命名的区域，再单击名称框，输入名称，按【Enter】键结束。

方法2：使用"新建名称"对话框：先选中要命名的区域，然后单击"公式"选项卡|"定义的名称"选项组|"定义名称"命令，或者右击要命名的区域，在快捷菜单中选择"定义名称"命令，打开"新建名称"对话框，在"名称"框输入名称，单击"确定"按钮结束。

（2）命名单元格及单元格区域的规则

单元格名称不超过 255 字符，不能与单元格引用相同，包含字母、汉字、数字、下划线、反斜线、小数点等，不区分大小写，应以字母、汉字、下划线和反斜线开头。

（3）按命名选定单元格或单元格区域

单击名称框下拉列表按钮，在下拉列表中选择目标名称（见图3-3），即可选定对应的单元格或单元格区域。

图 3-3　名称框下拉列表

3.2　数据的输入与编辑

3.2.1　输入数据

数据包括文本、数值、日期时间、逻辑值等类型，它们的格式和特征不同，用于描述不同属性的事物。下面介绍几种常用类型数据的输入与显示。

1. 输入数值

数值用于表示数量的多少，可以进行各种数值运算，这类数据可用的表示符号包括 0～9、正负号、货币符号、小数点、百分号、字母 E（用于科学记数法），默认格式为单元格右对齐。图 3-4 列出了常用的数值示例。

H4　2.75

	A	B	C	D	E	F	G	H	I
1	输入数值								
2	类型	正数	负数	科学记数	列宽不足	百分比	货币	分数	
3	示例	123.4	-67.8	1.23E+14	########	1.78%	$1,096	1/3	
4							¥23.00	2 3/4	
5							€34.00		

图 3-4　常用的数值示例

2. 输入日期和时间

日期和时间一定是时间轴上真实存在的一个点，它的格式多种多样。输入日期数据时，年月日之间的间隔符号为“/”或“-”，输入时间数据时，时分秒之间的间隔符号为“:”，默认单元格右对齐。日期时间数据的格式最为复杂，图 3-5（截图时间为 2021 年 10 月 25 日 11 点 10 分）给出了一些典型的输入方法以及对应的单元格显示（外观和数据格式及单元格列宽等有关）和编辑栏显示（在此观察真实数据）。

C18　11:10:00

	A	B	C	D
1	输入日期示例			
2	输入	单元格显示	编辑栏显示	
3	10/25	10月25日	2021/10/25	
4	2021/10/25	2021/10/25	2021/10/25	
5	2021-10-25	2021/10/25	2021/10/25	
6	2021年10月25日	2021年10月25日	2021/10/25	
7	2021/10	2021年10月	2021/10/1	
8	oct/25	25-Oct	2021/10/25	
9	25-oct	25-Oct	2021/10/25	
10	oct 25	25-Oct	2021/10/25	
11	21/10/25	2021/10/25	2021/10/25	
12	29/1/1	2029/1/1	2029/1/1	
13	30/1/1	1930/1/1	1930/1/1	
14	14:45:30	14:45:30	14:45:30	
15	2:45:30 PM	2:45:30 PM	14:45:30	
16				
17	ctrl+;	2021/10/25	2021/10/25	系统日期
18	ctrl+shift+;	11:10	11:10:00	系统时间
19	2021/2/29	2021/2/29	2021/2/29	非法日期

图 3-5　常用日期时间的输入与显示

3. 输入文本

非数值、日期时间、逻辑值、公式的字符集均为文本，可使用的符号最为广泛（西文字母、汉字、阿拉伯数字、各种标点等），它的默认格式为单元格左对齐。邮编、电话号码等信息看似数值实为文本，它不表示数量的多少，此类数据称为“数字文本”，输入时以英文单引号开始。

如图 3-6 所示，文本内容超过单元格宽度时，若右侧单元格没有内容，则允许文本占用右侧单元格显示；若右侧单元格有内容，则该文本截断显示。如果需要单元格内多行显示，可以选择“开始”选项卡|“对齐方式”选项组|“自动换行”命令，如图 3-7 所示。

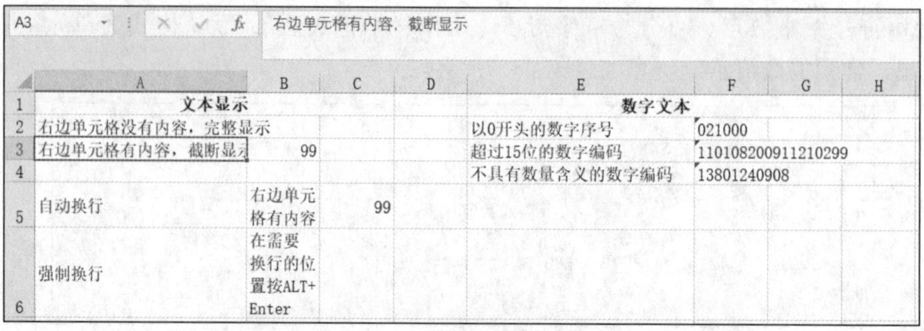

图 3-6 常用文本的输入与显示

图 3-7 文本自动换行设置

4.输入序列

Excel 自动填充序列功能非常便捷，大大提高了数据输入的效率，可以使用日期时间序列、数值序列、数字文本组合序列等。

（1）输入等差、等比序列

方法 1：使用填充按钮。

① 在指定单元格输入目标序列的初始值，并选中这个单元格。

② 单击"开始"选项卡 |"编辑"选项组 |"填充" |"序列"命令（见图 3-8），打开"序列"对话框。

③ 在图 3-9 所示的"序列"对话框中，选择序列产生方向、类型、步长、终止值等信息后，单击"确定"按钮完成。

图 3-8 "填充"下拉菜单

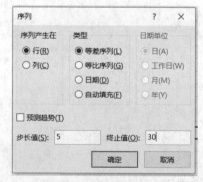

图 3-9 "序列"对话框

方法 2：利用鼠标右键。

① 在指定单元格输入目标序列的初始值，并选中这个单元格。

② 右击填充柄，拖动至终止单元格。

③ 释放鼠标，在快捷菜单中选择"序列"命令（见图 3-10），打开"序列"对话框。

④ 在打开的"序列"对话框中选择序列产生方向、类型、输入步长信息后，不要填写终止

值（已经在步骤②中完成），单击"确定"按钮完成。

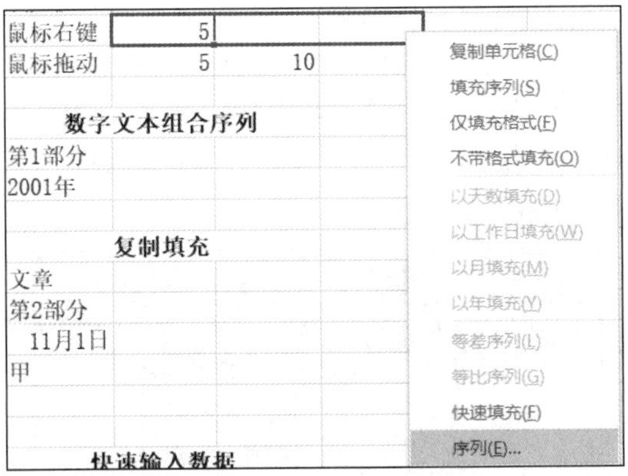

鼠标右键	5		复制单元格(C)
鼠标拖动	5	10	填充序列(S)
			仅填充格式(F)
数字文本组合序列			不带格式填充(O)
第1部分			以天数填充(D)
2001年			以工作日填充(W)
			以月填充(M)
复制填充			以年填充(Y)
文章			等差序列(L)
第2部分			等比序列(G)
11月1日			快速填充(F)
甲			序列(E)...
快速输入数据			

图 3-10　利用快捷菜单填充"序列"

方法 3：利用鼠标拖动填充等差数列。

① 在两个相邻单元格（同行或同列）分别输入序列的初始值和第二个值。

② 同时选中这两个单元格。

③ 按住鼠标左键沿填充方向拖动填充柄到终止单元格，即可填充等差数列。

（2）输入数字文本组合序列

方法 1：使用填充按钮。

① 在指定单元格输入目标序列的初始值（如第 1 章），并选中序列的初始值到序列的终止值的所有单元格。

② 单击"开始"选项卡|"编辑"选项组|"填充"按钮|"序列"命令，打开"序列"对话框。

③ 在"序列"对话框中选择"自动填充"类型后，单击"确定"按钮填充序列。

方法 2：利用鼠标右键。

① 在指定单元格输入目标序列的初始值，并选中这个单元格。

② 右击填充柄，拖动至终止单元格。

③ 释放鼠标，在快捷菜单中选择"填充序列"命令即完成填充。

方法 3：利用鼠标左键拖动。

① 在指定单元格输入目标序列的初始值，并选中这个单元格。

② 按住鼠标左键沿填充方向拖动填充柄到终止单元格，释放鼠标完成填充。

（3）使用鼠标自动填充

方法 1：使用填充按钮。

① 输入序列初始值。

② 选中序列初始到终止单元格区域。

③ 单击"开始"选项卡|"编辑"选项组|"填充"|"向下"/"向右"/"向上"/"向左"命令，就可以沿着列或行的方向完成复制填充。

方法 2：利用鼠标右键。

① 输入序列的初始值。

② 右击这个单元格的填充柄，拖动至终止单元格。

③ 释放鼠标，在快捷菜单中选择"复制单元格"命令完成复制填充。

方法 3: 利用鼠标左键拖动。

① 输入序列的初始值, 并选中这个单元格。

② 按住鼠标左键沿填充方向拖动填充柄到终止单元格, 释放鼠标。

③ 上面的填充完成后, 出现"自动填充选项"标记。单击"自动填充选项"标记, 在弹出的下拉列表中选择填充方式即按指定方式(四种方式: 复制单元格、填充序列、仅填充格式, 不带格式填充)进行填充, 如图 3-11 所示。

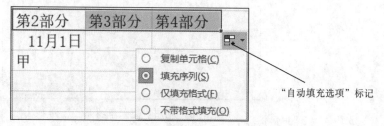

图 3-11 "自动填充选项"标记

5. 快速输入数据

(1) 同时在多个单元格输入相同数据

选中要输入数据的多个单元格或单元格区域, 输入数据, 按【Ctrl+ Enter】组合键结束输入。

(2) 从下拉列表中选择输入和记忆式输入

右击要输入数据的单元格, 在快捷菜单中选择"从下拉列表中选择"命令, 或按【Alt+↓】组合键, 在单元格下方出现本列已经输入的项目列表, 在项目列表中选择所需项目即可。

6. 自定义序列

(1) 从工作表导入

① 在适当的区域输入完整的序列(连续的一行或一列, 如 A1:A5)。

② 选中已输入的序列(如财务部、技术部、销售部、公关部、人力资源部)。

③ 选择"文件"选项卡|"选项"命令, 打开"Excel 选项"对话框, 如图 3-12 所示。

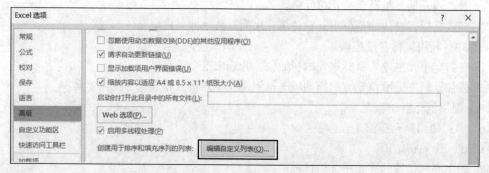

图 3-12 "Excel 选项"对话框

④ 在打开的"Excel 选项"对话框中, 选择"高级"选项卡, 单击其中的"编辑自定义列表"按钮, 打开"自定义序列"对话框。

⑤ 单击"导入"按钮, 将定义的序列添加到"自定义序列"列表中, 如图 3-13 所示。

⑥ 单击"确定"按钮关闭对话框返回"Excel 选项"对话框, 再单击"确定"按钮关闭对话框。

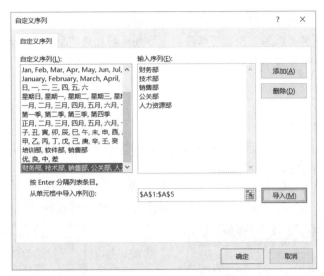

图 3-13　"自定义序列"对话框

（2）在"自定义序列"对话框中直接"输入序列"

① 选择"文件"选项卡|"选项"命令，打开"Excel 选项"对话框。

② 在打开的"Excel 选项"对话框选择"高级"选项卡，单击"编辑自定义列表"按钮，打开"自定义序列"对话框。

③ 在"输入序列"框中输入文本序列，每项内容后按【Enter】键换行或以半角逗号分隔。

④ 输入完毕，单击"添加"按钮，将输入的文本序列加至"自定义序列"列表，如图 3-14 所示。

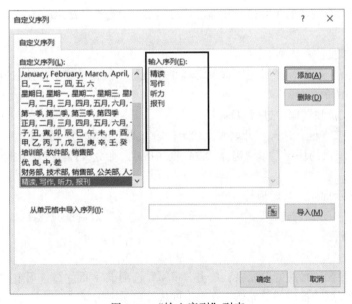

图 3-14　"输入序列"列表

⑤ 单击"确定"按钮返回"Excel 选项"对话框，再单击"确定"按钮关闭对话框。

（3）编辑或删除自定义序列

① 在图 3-14 的"自定义序列"列表中选择要编辑或删除的自定义序列。

② 如要删除序列，则直接单击"删除"按钮。如要编辑，则在"输入序列"框中进行。

③ 编辑完毕，单击"添加"按钮将修改后的序列重新加到"自定义序列"列表。

④ 单击"确定"按钮关闭对话框。

7．使用批注

（1）插入批注

① 选定待批注单元格。

② 单击"审阅"选项卡|"批注"选项组|"新建批注"按钮（见图3-15），或右击并在弹出的快捷菜单中选择"插入批注"命令。

③ 在弹出的"批注"框中输入批注，如图3-16所示。

④ 单击"批注"框以外区域，完成插入，单元格右上角出现红色三角的批注标记。

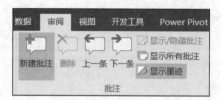

图 3-15 "审阅"选项卡

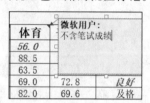

图 3-16 "批注"框

（2）查看批注

方法1：鼠标指针停留在有批注标记的单元格，即可显示批注。

方法2：单击"审阅"选项卡|"批注"选项组|"显示所有批注"按钮，显示所有单元格批注。

方法3：使用"审阅"选项卡|"批注"选项组的"下一条""上一条""显示/隐藏批注"等命令查看批注。

方法4：右击含有批注的单元格，在弹出的快捷菜单中选择"显示/隐藏批注"命令。

（3）编辑批注

① 选定待编辑批注单元格。

② 单击"审阅"选项卡|"批注"选项组|"编辑批注"按钮，或右击并在弹出的快捷菜单中选择"编辑批注"命令。

③ 在弹出的"批注"框中进行编辑。

单击"批注"文本框，选择"开始"选项卡|"单元格"选项组|"格式"|"设置批注格式"命令，或右击并在弹出的快捷菜单中选择"设置批注格式"命令，打开"设置批注格式"对话框，设置所需格式。

（4）隐藏或显示批注及其标识符

选择"文件"选项卡|"选项"命令，打开"Excel 选项"对话框，选择"高级"选项卡，在"显示"组按需进行设置。

（5）删除批注

方法1：选中要删除批注的单元格，单击"审阅"选项卡|"批注"选项组|"删除"按钮。

方法2：右击要删除批注的单元格，在弹出的快捷菜单中选择"删除批注"命令。

方法3：选中要删除批注的单元格，单击"审阅"选项卡|"批注"选项组|"清除"|"清除批注"命令。

方法4：先单击"审阅"选项卡|"批注"选项组|"显示所有批注"按钮，再选中要删除的"批

注"文本框，按【Delete】键。

　　方法 5：如果要删除所有批注：选择"开始"选项卡|"编辑"选项组|"查找和选择"|"定位条件"命令，打开"定位条件"对话框，选择"批注"单选按钮，如图 3-17 所示，单击"确定"按钮关闭对话框，选中全部含有批注的单元格，再单击"审阅"选项卡|"批注"选项组|"删除"按钮完成删除所有批注。

图 3-17　"定位条件"对话框

3.2.2　数据验证

1．设置数据验证

　　① 选定要设置数据验证的单元格区域。

　　② 单击"数据工具"选项卡|"数据工具"选项组|"数据验证"|"数据验证"命令，如图 3-18 所示，打开"数据验证"对话框。

　　③ 在打开的"数据验证"对话框中选择"设置"选项卡，在"允许"下拉列表框中选择相应设置，如要求成绩为 0～100 之间的小数，进行如下设置，"允许"为"小数"；"数据"为"介于"；"最小值"为"0"；"最大值"为"100"，如图 3-19 所示。

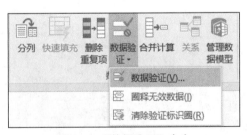

图 3-18　"数据验证"命令　　　　图 3-19　"数据验证"对话框

　　④ 单击"确定"按钮完成。

2．设置提示信息

（1）显示输入信息提示

　　① 选定需要设置的单元格区域。

　　② 单击"数据"选项卡|"数据工具"选项组|"数据验证"|"数据验证"命令，打开"数据验证"对话框。

　　③ 在打开的"数据验证"对话框中选择"输入信息"选项卡，输入"标题"内容和"输入信息"内容，如图 3-20 所示。

　　④ 单击"确定"按钮完成。

图 3-20 输入"数据验证"信息

设置数据验证之后，输入或编辑数据时，则系统根据验证情况提示相应信息。

（2）显示出错警告

① 选定设置数据验证的单元格区域。

② 单击"数据"选项卡|"数据工具"选项组|"数据验证"|"数据验证"命令，打开"数据验证"对话框。

③ 在打开的"数据验证"对话框中选择"出错警告"选项卡，选择所需"样式"，输入"标题"和"错误信息"。

④ 单击"确定"按钮完成。

⑤ 当输入无效数据时，则系统会弹出图 3-21 所示的警告信息。

图 3-21 警告信息

3. 清除数据验证

① 选定设置数据验证的单元格区域。

② 选择"数据"选项卡|"数据工具"选项组|"数据验证"|"数据验证"命令，打开"数据验证"对话框。

③ 在打开的"数据验证"对话框中，若只清除数据验证，选择"设置"选项卡，在"允许"下拉列表中选择所需"任何值"；若只清除输入信息提示，选择"输入信息"选项卡，清除"选定单元格时显示输入信息"复选框；若只清除出错警告，选择"出错警告"选项卡，清除"输入无效数据时显示出错警告"复选框；若取消以上三项设置，只需单击对话框左下角的"全部清除"按钮。

④ 单击"确定"按钮完成。

4．圈释无效数据

如果单元格区域中已有数据，后设置数据验证，系统不会自动显示无效数据。选择"数据"选项卡|"数据工具"选项组|"数据验证"|"圈释无效数据"命令，即可圈释出无效数据，图 3-22 所示椭圆中的数据就是无效的。要取消圈释，则在"数据验证"下拉列表中选择"清除无效数据标识圈"命令。

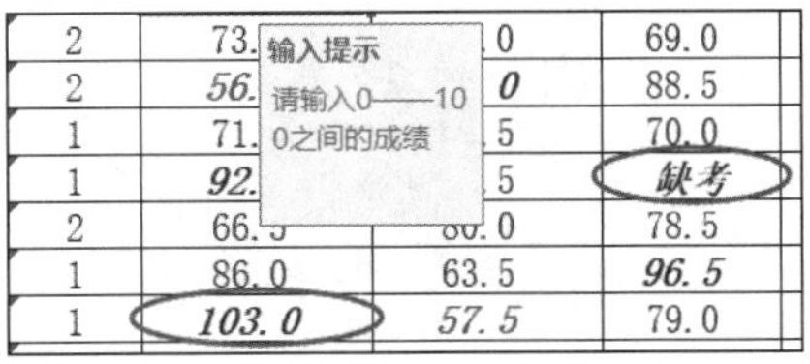

图 3-22　圈释无效数据

3.2.3　编辑工作表的内容

1．编辑单元格内容

Excel 可以在单元格或编辑栏中进行数据编辑。

单击选中单元格，输入内容覆盖原有内容；双击鼠标，光标插入单元格内，即可按需进行编辑。请注意：对公式的确认不可以用单击其他单元格的方法。

设置可以在单元格直接编辑：

① 单击"文件"选项卡|"选项"命令，打开"Excel 选项"对话框。

② 在打开的"Excel 选项"对话框中选择"高级"选项卡。

③ 在"编辑选项"组选中"允许直接在单元格内编辑"复选框。

④ 单击"确定"按钮。

2．清除单元格

清除单元格的全部或部分信息，单元格框架仍然保留，周边单元格位置不变。最简单的方法就是选中要清除内容单元格区域，按【Delete】键，或右击并在弹出的快捷菜单中选择"清除内容"命令。也可以使用"清除"命令的下拉菜单加以区分进行清除，具体操作如下：

① 选定要清除的单元格区域。

② 单击"开始"选项卡|"编辑"选项组|"清除"命令。

③ 在下拉菜单中选择所需命令，进行针对性清除，（如格式、内容、批注、超链接等）。

还可以使用鼠标清除单元格：

① 选中目标单元格区域。

② 将鼠标指向填充柄，反向（向左上方向）拖动，使清除区域变为灰色。

③ 释放鼠标完成清除。

3．删除单元格、行或列

与清除单元格不同，删除单元格是删除单元格的全部信息和单元格框架，之后由周边单元格填充删除产生的空缺。

① 选中要删除的单元格区域。

② 单击"开始"选项卡|"单元格"选项组|"删除"|"删除单元格"命令，如图 3-23 所示，弹出"删除"对话框，如图 3-24 所示。

③ 选择相应项目，单击"确定"按钮完成删除。

还可以使用鼠标删除单元格：

① 选中目标单元格区域。

② 将鼠标指向填充柄，按住【Shift】键的同时反向拖动鼠标，使清除区域变为灰色。

③ 释放鼠标，删除目标单元格区域，右侧单元格左移。

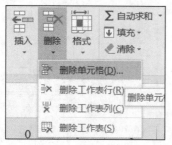

图 3-23 "删除"命令

图 3-24 "删除"对话框

4．插入单元格、行或列

要插入行，先选中要插入的行号。然后选择"开始"选项卡 |"单元格"选项组 |"插入" |"插入工作表行"命令，如图 3-25 所示，或右击并在弹出的快捷菜单中选择"插入"命令，则插入一行，原有内容向下移动。

选中多行，即可插入多行；插入列的操作与之相似；插入单元格，需要确认活动单元格的走向。步骤如下：

① 选中要插入位置的单元格区域。

② 选择"开始"选项卡 |"单元格"选项组 |"插入" |"插入单元格"命令，弹出"插入"对话框，如图 3-26 所示。

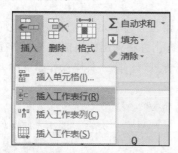

图 3-25 "插入"命令

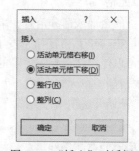

图 3-26 "插入"对话框

③ 选择相应项目（右移/下移），单击"确定"按钮完成。

插入操作遵循多选多插的原则，选多行（连续、不连续均可），插多行（插在所选行上方），选多列（连续、不连续均可），插多列（插在所选列左侧）。

5．单元格区域的复制和移动

编辑数据经常需要对原有数据进行复制或移动，可以使用鼠标拖动，或者剪切、复制、粘贴命令，也可以使用快捷键【Ctrl+X】、【Ctrl+C】、【Ctrl+V】。

（1）使用鼠标移动或复制单元格区域

① 选中要移动的单元格区域。

② 鼠标指向区域边框，指针变为十字箭头✛。

③ 拖动鼠标，到达预定位置释放，即可完成移动。若释放鼠标前按下【Ctrl】键即完成复制操作。如果使用鼠标右键进行拖动，释放鼠标时会弹出菜单，可以对操作加以区分确认。

（2）使用粘贴命令移动或复制单元格区域

① 选中要移动或复制的单元格区域。

② 单击"开始"选项卡|"剪贴板"选项组|"剪切"或"复制"按钮。

③ 选定预定目标位置区域左上角单元格。

④ 按【Enter】键或单击"开始"选项卡|"剪贴板"选项组|"粘贴"按钮，覆盖原有内容完成移动或复制。

（3）使用插入方式移动或复制单元格区域

① 选中要移动或复制的单元格区域。

② 单击"开始"选项卡|"剪贴板"选项组|"剪切"或"复制"按钮。

③ 选定预定位置左上角单元格。

④ 选择"开始"选项卡|"单元格"选项组|"插入"|"插入剪切的单元格"或"插入复制的单元格"命令，弹出"插入粘贴"对话框。

⑤ 在打开的对话框选择所需活动单元格方向，单击"确定"按钮完成。

（4）使用"剪贴板"移动或复制单元格区域

① 显示剪贴板内容。

② 选择"开始"选项卡|"剪贴板"组的对话框启动器按钮，即可显示"剪贴板"任务窗格，如图 3-27 所示，设置剪贴板选项。

③ 单击"剪贴板"任务窗格左下角的"选项"按钮，进行所需设置。

④ 复制项目到剪贴板。

⑤ 单击目标位置左上角单元格。

⑥ 单击剪贴板中需要的项目，即可将其粘贴到目标位置。

图 3-27　"剪贴板"任务窗格

6．选择性粘贴

执行粘贴操作时，可以使用"选择性粘贴"进行详细设置将粘贴的内容划分为数值、格式、公式等：

① 先执行复制操作，再选中粘贴目标位置。

② 选择"开始"选项卡|"剪贴板"选项组|"粘贴"|"选择性粘贴"命令，如图 3-28 所示，打开"选择性粘贴"对话框，如图 3-29 所示。

图 3-28　"粘贴"命令

图 3-29　"选择性粘贴"对话框

③ 指定粘贴方式，单击"确定"按钮完成粘贴。

7. 查找、替换及定位

（1）查找

① 选中要进行查找的单元格区域。

② 单击"开始"选项卡｜"编辑"选项组｜"查找和选择"｜"查找"命令，或按【Ctrl+F】组合键，打开"查找和替换"对话框，如图 3-30 所示。

③ 在"查找"选项卡输入查找内容，然后单击"查找全部"按钮，查找结果显示在对话框下方列表，单击"选项"按钮，还可以根据需要对查找的方式、范围、格式等条件进行设置。

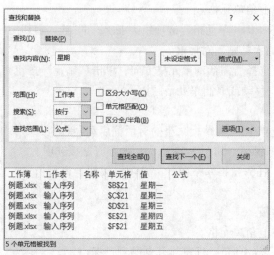

图 3-30 "查找和替换"对话框的"查找"选项卡

（2）替换

① 选中要进行替换的单元格区域。

② 选择"开始"选项卡｜"编辑"选项组｜"查找和选择"｜"替换"命令，或按【Ctrl+H】组合键，打开"查找和替换"对话框。

③ 在"替换"选项卡输入"查找内容"和"替换为"信息，如图 3-31 所示，然后单击"查找下一个"按钮，找到目标后，单击"替换"按钮。

图 3-31 "查找和替换"对话框的"替换"选项卡

④ 再单击"查找下一个"按钮继续查找替换，逐个确认替换，也可以直接"全部替换"按钮，一次完成。

⑤ 单击"选项"按钮，可以根据需要对查找和替换的方式、范围、格式等进行设置。

⑥ 单击"关闭"按钮。

（3）定位

① 选择"开始"选项卡 | "编辑"选项组 | "查找和选择" | "转到"命令，或按【Ctrl+G】组合键，打开"定位"对话框，如图 3-32 所示。

② 在"引用位置"文本框中输入要定位的单元格引用或名称。

③ 单击"确定"按钮，进行定位。

还可以根据定位条件进行定位。单击"开始"选项卡 | "编辑"选项组 | "查找和选择"按钮 | "定位条件"命令，或在"定位"对话框单击左下角的"定位条件"按钮，打开"定位条件"对话框，如图 3-33 所示，按需进行选择（空值、批注、条件格式等），单击"确定"按钮完成。

图 3-32　"定位"对话框

图 3-33　"定位条件"对话框

3.3　数据的管理

3.3.1　排序

有顺序的数据更便于使用和管理，Excel 提供了各种使得数据有序化的方法。

1. 数据清单

数据清单是指工作表中一个连续存放数据的单元格区域，其特点如下：

① 一列为一个字段。

② 一行为一条记录。

③ 第一行为字段名（即列标题）。

④ 第一条记录要紧邻列标题，中间不能有空行。

⑤ 纯数据区域不能出现空行。

⑥ 数据清单与工作表的其他数据或其他数据清单之间以空白行或空白列作为间隔。

2. 简单排序

简单排序即单一排序依据，按指定的字段"升序"或"降序"排列。数值从小到大是升序，从大到小是降序；日期时间从前到后是升序，从后到前是降序；字母从 A 到 Z 是升序，从 Z 到 A 是降序；无论升序降序，空格总在最后。

单击排序依据字段列中的任一单元格，再单击"数据"选项卡 | "排序和筛选"选项组的"升

序"按钮 或 "降序"按钮 即可完成排序。或者在右键快捷菜单选择"排序"|"升序"或"降序"命令，如图 3-34 所示。

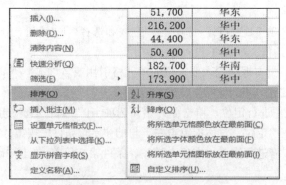

图 3-34 "升序"或"降序"命令

3．多重排序

如果进行复杂排序，要以多列数据为依据，此时就要使用"排序"对话框完成。

① 先选定要排序的数据区域，如果对整个数据清单排序，可以单击清单中的任一单元格。

② 单击"数据"选项卡|"排序和筛选"选项组|"排序"按钮，打开"排序"对话框，如图 3-35 所示。

③ 在"主要关键字"下拉列表中选择排序字段，在"排序依据"下拉列表中选择排序依据，在"次序"下拉列表中指定次序。

④ 如果需要，可以多次单击"添加条件"按钮，依次添加"次要关键字"。

⑤ 如果排序的对象有列标题，要选择"数据包含标题"（对话框右上角）。

⑥ 所有关键字从主要到次要的原则逐一设置，最后单击"确定"按钮实施排序。

如果在排序时需要设置排序方向、方法、区分大小写等，可单击"排序"对话框中的"选项"按钮，在"排序选项"对话框中进行相应设置，如图 3-36 所示。

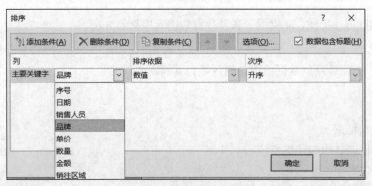

图 3-35 "排序"对话框   图 3-36 "排序选项"对话框

●微视频

例 3-1

【例 3-1】对"CH3 例题数据.xlsx"工作簿中的销售数据进行排序，按"品牌"笔画升序，相同品牌，按"数量"降序，结果如图 3-37 所示。

操作步骤：

① 打开"CH3 例题数据.xlsx"工作簿。

② 在"销售日志"工作表中单击数据清单的任一单元格。

③ 单击"数据"选项卡|"排序和筛选"选项组|"排序"按钮,打开"排序"对话框。

④ 在"主要关键字"下拉列表框中选择"品牌",默认按拼音"字母排序"升序。

⑤ 单击"添加条件"按钮,添加"次要关键字"。

⑥ 在"次要关键字"下拉列表框中选择"数量",在"次序"下拉列表框中选择"降序"。

⑦ 单击"选项"按钮,打开"排序选项"对话框,如图 3-36 所示,设置"笔画排序"方法,单击"确定"按钮返回"排序"对话框。

⑧ 在"排序"对话框中单击"确定"按钮。

	A	B	C	D	E	F	G	H
1	序号	日期	销售人员	品牌	单价	数量	金额	销往区域
2	T151	2020年6月26日	李明慧	万家乐	3,400	50	170,000	东北
3	T042	2020年3月3日	朱莉	万家乐	4,700	49	230,300	华东
60	T115	2020年5月19日	王子	方太	3,700	50	185,000	华东
101	T210	2020年8月28日	王子	方太	3,700	28	103,600	华东
135	T157	2020年6月30日	朱莉	帅康	4,700	49	230,300	华南
190	T010	2020年1月17日	王子	帅康	3,700	12	44,400	华东
192	T097	2020年5月12日	张令国	老板	6,300	50	315,000	华北
220	T020	2020年1月29日	李明慧	老板	3,400	32	108,800	华东
267	T143	2020年6月16日	刘麦麦	华帝	4,200	44	184,800	华中
277	T064	2020年3月22日	张令国	华帝	6,300	37	233,100	华南

图 3-37　多重排序部分结果

4.自定义排序

在 Excel 中,通常按数字顺序、字母顺序排序,如果需要也可以按照自定义序列顺序进行排序。在"排序"对话框的"次序"下拉列表框中选择"自定义序列",打开"自定义序列"对话框,指定所需顺序。

微视频 ●
例 3-2

【例 3-2】对"CH3 例题数据.xlsx"工作簿中的销售数据进行排序,品牌按指定的"方太、老板、华帝、帅康、万家乐"顺序排序,结果如图 3-38 所示。

	A	B	C	D	E	F	G	H
1	序号	日期	销售人员	品牌	单价	数量	金额	销往区域
2	T002	2020年1月3日	张令国	方太	6,300	47	296,100	华中
3	T009	2020年1月13日	朱莉	方太	4,700	46	216,200	华中
76	T006	2020年1月9日	王子	老板	3,700	12	44,400	东北
77	T017	2020年1月27日	张令国	老板	6,300	29	182,700	东北
143	T032	2020年2月19日	王子	帅康	3,700	41	151,700	华北
146	T049	2020年3月9日	朱莉	帅康	4,700	19	89,300	东北
203	T046	2020年3月7日	刘麦麦	华帝	4,200	32	134,400	东北
204	T047	2020年3月8日	朱莉	华帝	4,700	39	183,300	东北
272	T042	2020年3月3日	朱莉	万家乐	4,700	49	230,300	华东
273	T045	2020年3月7日	张令国	万家乐	6,300	23	144,900	华南

图 3-38　自定义排序部分结果

操作步骤:

① 打开"CH3 例题数据.xlsx"工作簿。

② 在"销售日志"工作表中单击数据清单任一单元格。

③ 单击"数据"选项卡|"排序和筛选"|"排序"按钮,打开"排序"对话框。

④ 在"主要关键字"下拉列表中选择"品牌"。

⑤ 在"次序"下拉列表中选择"自定义序列"(见图 3-39),打开"自定义序列"对话框,

如图 3-13 所示。

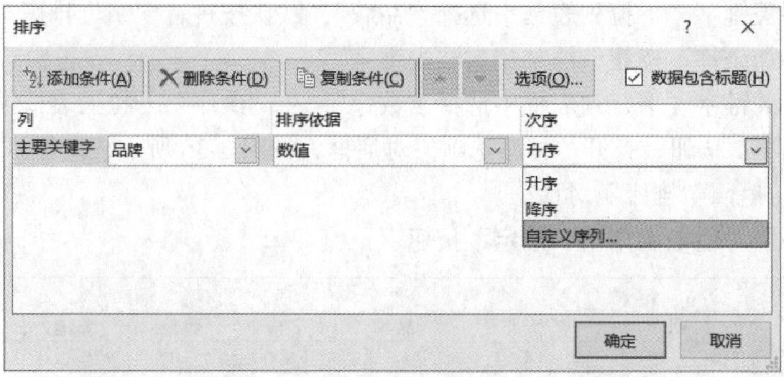

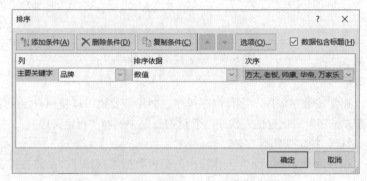

图 3-39 "排序"对话框——次序

⑥ 在"输入序列"依次输入品牌指定顺序"方太、老板、帅康、华帝、万家乐"。

⑦ 单击"添加"按钮，添加序列，再单击"确定"按钮返回"排序"对话框，如图 3-40 所示。

图 3-40 "排序"对话框——"自定义序列"

⑧ 单击"确定"按钮实施排序。

（注意：同学们可以比较一下，例题中"品牌"按系统默认的字母顺序升序为"方太、华帝、老板、帅康、万家乐"，按笔画顺序升序为"万家乐、方太、帅康、老板、华帝"，按上面的自定义顺序升序为"方太、老板、帅康、华帝、万家乐"）。

3.3.2 筛选

筛选可以只显示用户需要的数据，隐藏不满足条件的记录。Excel 提供自动筛选和高级筛选。

1. 自动筛选

（1）单列自动筛选

自动筛选可以实现特征值筛选，如某院系的学生、某部门的员工；"自定义"筛选，如单价低于 4 000 元的产品、体育成绩在 70～80 之间的学生（与条件）、某两个员工的销售业绩（或条件）；"前 10 个"筛选，如总成绩最高前 3 名同学、销售金额最少的 10% 销售单等，可以很好地满足用户的绝大部分筛选需求。

●微视频

例 3-3

【例 3-3】在"CH3 例题数据.xlsx"工作簿中的销售数据中，筛选出"帅康"品牌的销售记录，结果如图 3-41 所示。

	A	B	C	D	E	F	G	H
1	序号	日期	销售人员	品牌	单价	数量	金额	销往区域
2	T001	2020年1月3日	朱莉	帅康	4,700	17	79,900	华南
5	T004	2020年1月6日	刘麦麦	帅康	4,200	41	172,200	华中
11	T010	2020年1月17日	王子	帅康	3,700	12	44,400	华东
13	T012	2020年1月20日	张令国	帅康	6,300	29	182,700	华南
19	T018	2020年1月28日	刘麦麦	帅康	4,200	50	210,000	华北
25	T024	2020年2月5日	刘麦麦	帅康	4,200	22	92,400	华中
28	T027	2020年2月8日	朱莉	帅康	4,700	22	103,400	华中
30	T029	2020年2月10日	朱莉	帅康	4,700	38	178,600	华中
33	T032	2020年2月19日	王子	帅康	3,700	41	151,700	华北
39	T038	2020年2月27日	李明慧	帅康	3,400	38	129,200	华南

图 3-41　按文本特征筛选部分结果

操作步骤：

① 打开"CH3 例题数据.xlsx"工作簿。

② 在"销售日志"工作表，单击数据清单任一单元格。

③ 单击"数据"选项卡|"排序和筛选"|"筛选"按钮（见图 3-42），或者选择"开始"选项卡|"编辑"|"排序和筛选"|"筛选"命令（见图 3-43），进入"自动筛选"模式，各列标题上出现自动筛选按钮。

④ 单击"品牌"的筛选按钮，在筛选条件下拉列表中勾选"帅康"选项，如图 3-44 所示。

图 3-42　"筛选"按钮

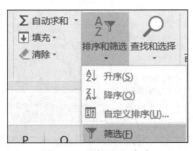

图 3-43　"筛选"命令

图 3-44　筛选条件下拉列表

⑤ 单击"确定"按钮，显示筛选结果，筛选按钮的三角箭头变为漏斗形，表示实施了筛选。

注意：实现特征值筛选，还可以右击任意特征值（如 D2 单元格），选择快捷菜单中的"筛选""按所选单元格的值筛选"选项，同样得到上面的结果。

【例 3-4】在"CH3 例题数据.xlsx"工作簿中的销售数据中，筛选北方的销售记录，结果如图 3-45 所示。

操作步骤：

① 打开"CH3 例题数据.xlsx"工作簿。

② 在"销售日志"工作表中单击数据清单任一单元格。

微视频 ●·····

例 3-4

③ 单击"数据"选项卡 | "排序和筛选" | "筛选"按钮，进入"自动筛选"模式，各列标题上出现"自动筛选"按钮。

④ 单击"销往地区"的筛选按钮，在筛选条件下拉列表中选择"文本筛选" | "包含"选项，如图 3-46 所示，打开"自定义自动筛选方式"对话框。

⑤ "自定义自动筛选方式"对话框中，左列默认"包含"，在右列输入"北"字，如图 3-47 所示。

⑥ 单击"确定"按钮，显示筛选结果。

	A	B	C	D	E	F	G	H
1	序号	日期	销售人员	品牌	单价	数量	金额	销往区域
7	T006	2020年1月9日	王子	老板	3,700	12	44,400	东北
18	T017	2020年1月27日	张令国	老板	6,300	29	182,700	东北
19	T018	2020年1月28日	刘麦麦	帅康	4,200	50	210,000	华北
20	T019	2020年1月28日	朱莉	老板	4,700	33	155,100	华北
22	T021	2020年1月31日	刘麦麦	华帝	4,200	13	54,600	东北
23	T022	2020年2月1日	刘麦麦	华帝	4,200	41	172,200	东北
27	T026	2020年2月7日	朱莉	老板	4,700	50	235,000	华北
32	T031	2020年2月17日	朱莉	老板	4,700	46	216,200	华北
33	T032	2020年2月19日	王子	帅康	3,700	41	151,700	华北
38	T037	2020年2月25日	刘麦麦	老板	4,200	43	180,600	华北

图 3-45 文本自定义筛选部分结果

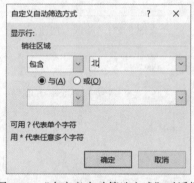

图 3-46 "文本筛选" | "包含"选项　　　　图 3-47 "自定义自动筛选方式"对话框

●微视频

例 3-5

【例 3-5】在"CH3 例题数据.xlsx"工作簿中的销售数据中，筛选数量在 40～50 之间（含 40，不含 50）的销售记录，结果如图 3-48 所示。

操作步骤：

① 打开"CH3 例题数据.xlsx"工作簿。

② 在"销售日志"工作表中单击数据清单任一单元格。

③ 单击"数据"选项卡 | "排序和筛选" | "筛选"按钮，进入"自动筛选"模式，各列标题上出现"自动筛选"按钮。

④ 单击"数量"的筛选按钮，在下拉列表中单击选择"数字筛选" | "自定义筛选"，如图 3-49 所示，打开"自定义自动筛选方式"对话框。

	A	B	C	D	E	F	G	H
1	序号 ▾	日期 ▾	销售人员 ▾	品牌 ▾	单价 ▾	数量 ▾	金额 ▾	销往区域 ▾
3	T002	2020年1月3日	张令国	方太	6,300	47	296,100	华中
5	T004	2020年1月6日	刘麦麦	帅康	4,200	41	172,200	华中
6	T005	2020年1月7日	张令国	老板	6,300	49	308,700	华中
10	T009	2020年1月13日	朱莉	方太	4,700	46	216,200	华中
23	T022	2020年2月1日	刘麦麦	华帝	4,200	41	172,200	东北
151	T150	2020年6月26日	张令国	老板	6,300	40	252,000	华北
158	T157	2020年6月30日	朱莉	帅康	4,700	49	230,300	华南
163	T162	2020年7月8日	朱莉	帅康	4,700	40	188,000	华南
164	T163	2020年7月11日	李明慧	万家乐	3,400	45	153,000	东北
167	T166	2020年7月13日	朱莉	帅康	4,700	42	197,400	华南

图 3-48　数字自定义筛选部分结果

⑤ 在"自定义自动筛选方式"对话框设置筛选条件：左侧选择运算符号"大于或等于"，右侧选择或输入"40"。

⑥ 单击"与"单选按钮（表示两个条件要同时满足），确定两个筛选条件的关系。

⑦ 设置下一个筛选条件：左侧选择运算符号"小于"，右侧选择或输入"50"，如图 3-50 所示。

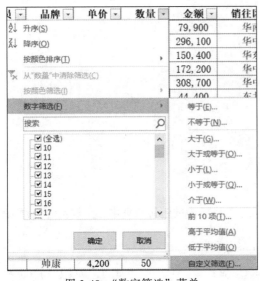

图 3-49　"数字筛选"菜单

图 3-50　自定义数字筛选条件

⑧ 单击"确定"按钮完成筛选。

【例 3-6】在"CH3 例题数据.xlsx"工作簿中的销售数据中，筛选单价高于 6 000 或单价低于 3 500 的销售记录，结果如图 3-51 所示。

操作步骤：

① 打开"CH3 例题数据.xlsx"工作簿。

② 在"销售日志"工作表，单击数据清单任一单元格。

③ 单击"数据"选项卡|"排序和筛选"|"筛选"按钮，进入"自动筛选"模式，各列标题上出现"自动筛选"按钮。

微视频

例 3-6

④ 单击"单价"的筛选按钮，在下拉列表中单击选择"数字筛选"|"自定义筛选"，打开"自定义自动筛选方式"对话框。

⑤ 设置筛选条件：左侧选择运算符号"大于"，右侧选择或输入"6000"。

	A	B	C	D	E	F	G	H
1	序号	日期	销售人员	品牌	单价	数量	金额	销往区域
3	T002	2020年1月3日	张令国	方太	6,300	47	296,100	华中
35	T034	2020年2月20日	李明慧	万家乐	3,400	45	153,000	华南
36	T035	2020年2月22日	张令国	方太	6,300	39	245,700	华东
39	T038	2020年2月27日	李明慧	帅康	3,400	38	129,200	华南
41	T040	2020年2月27日	张令国	帅康	6,300	20	126,000	华中
42	T041	2020年3月2日	李明慧	方太	3,400	13	44,200	华中
45	T044	2020年3月6日	李明慧	华帝	3,400	20	68,000	东北
46	T045	2020年3月7日	张令国	万家乐	6,300	23	144,900	华南
49	T048	2020年3月8日	李明慧	老板	3,400	11	37,400	华中
54	T053	2020年3月11日	李明慧	华帝	3,400	39	132,600	华南

图 3-51　自定义"或"条件筛选部分结果

⑥ 单击"或"单选按钮（表示两个条件满足其一即可），确定两个筛选条件的关系。

⑦ 再设置下一个筛选条件：左侧选择运算符号"小于"，右侧选择或输入"3500"，如图 3-52 所示。

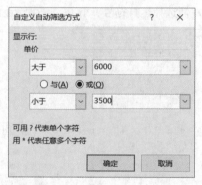

图 3-52　设置"或"条件

⑧ 单击"确定"按钮，完成筛选。

【例 3-7】在"CH3 例题数据.xlsx"工作簿中的销售数据中，筛选销售金额最低的一条销售记录，结果如图 3-53 所示。

	A	B	C	D	E	F	G	H
1	序号	日期	销售人员	品牌	单价	数量	金额	销往区域
79	T078	2020年4月10日	王子	方太	3,700	10	37,000	华东
89	T088	2020年4月30日	王子	方太	3,700	10	37,000	华东
315	T314	2020年12月19日	王子	方太	3,700	10	37,000	华东

图 3-53　销售金额最低的一条记录筛选结果

操作步骤：

① 打开"CH3 例题数据.xlsx"工作簿。

② 在"销售日志"工作表，单击数据清单任一单元格。

③ 单击"数据"选项卡|"排序和筛选"|"筛选"按钮，进入"自动筛选"模式，各列标题上出现"自动筛选"按钮。

④ 单击"金额"的筛选按钮，在下拉列表中单击选择"数字筛选"|"前 10 项"（见图 3-54），打开"自动筛选前 10 个"对话框。

⑤ 设置筛选条件：左侧选择"最小"，中间设置数量"1"，右侧选择"项"，如图 3-55 所示。

⑥ 单击"确定"按钮完成筛选。

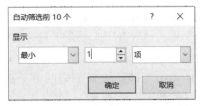

图 3-54　数字筛选"前 10 项"命令　　　　图 3-55　"自动筛选前 10 个"对话框

思考：要求选单价最低的一条销售记录，为什么结果显示出三条？

【例 3-8】在"CH3 例题数据.xlsx"工作簿中的销售数据中，筛选金额最高的 3% 销售记录，结果如图 3-56 所示。

微视频

例 3-8

操作步骤：

① 打开"CH3 例题数据.xlsx"工作簿。

② 在"销售日志"工作表，单击数据清单任一单元格。

③ 单击"数据"选项卡|"排序和筛选"|"筛选"按钮，进入"自动筛选"模式，各列标题上出现"自动筛选"按钮。

④ 单击"金额"的筛选按钮，在下拉列表中单击选择"数字筛选"|"前 10 项"，打开"自动筛选前 10 个"对话框。

⑤ 设置筛选条件：左侧选择"最大"，中间设置数量"3"，右侧选择"百分比"。

⑥ 单击"确定"按钮完成筛选。

	A	B	C	D	E	F	G	H
1	序号	日期	销售人员	品牌	单价	数量	金额	销往区域
3	T002	2020年1月3日	张令国	方太	6,300	47	296,100	华中
6	T005	2020年1月7日	张令国	老板	6,300	49	308,700	华中
57	T056	2020年3月14日	张令国	老板	6,300	45	283,500	华南
61	T060	2020年3月16日	张令国	华帝	6,300	48	302,400	华南
98	T097	2020年5月12日	张令国	老板	6,300	50	315,000	华北
102	T101	2020年5月15日	张令国	老板	6,300	46	289,800	华北
183	T182	2020年7月27日	张令国	老板	6,300	46	289,800	华北
209	T208	2020年8月25日	张令国	老板	6,300	44	277,200	华北
285	T284	2020年11月11日	张令国	老板	6,300	48	302,400	华北

图 3-56　销售金额最高的 3%筛选结果

（2）多列自动筛选

各列的筛选条件之间是"与"关系，没有先后顺序。

【例 3-9】在"CH3 例题数据.xlsx"工作簿中的销售数据中，筛选 2020 年 3 月的销售金额 200 000 以上（含 200 000）的销售记录，结果如图 3-57 所示。

微视频

例 3-9

1	A 序号	B 日期	C 销售人员	D 品牌	E 单价	F 数量	G 金额	H 销往区域
43	T042	2020年3月3日	朱莉	万家乐	4,700	49	230,300	华东
51	T050	2020年3月9日	刘麦麦	华帝	4,200	50	210,000	华中
57	T056	2020年3月14日	张令国	老板	6,300	45	283,500	华南
61	T060	2020年3月16日	张令国	华帝	6,300	48	302,400	华南
65	T064	2020年3月22日	张令国	华帝	6,300	37	233,100	华南

图 3-57　3 月 200 000 以上销售记录

操作步骤：

① 打开"CH3 例题数据.xlsx"工作簿。

② 在"销售日志"工作表，单击数据清单任一单元格。

③ 单击"数据"选项卡 | "排序和筛选" | "筛选"按钮，进入"自动筛选"模式，各列标题上出现"自动筛选"按钮。

④ 单击"日期"的筛选按钮，在筛选条件下拉列表中勾选"2020年 3 月"，如图 3-58 所示。

⑤ 单击"确定"按钮完成单列筛选。

⑥ 单击"金额"的筛选按钮，在下拉列表中选择"数字筛选" | "自定义筛选"，打开"自定义自动筛选方式"对话框。

⑦ 设置筛选条件：左侧选择"大于或等于"，右侧输入"200 000"。

⑧ 单击"确定"按钮完成多列筛选。

（3）退出自动筛选

再次单击"数据"选项卡 | "排序和筛选" | "筛选"按钮或者选择"开始"选项卡 | "编辑" | "排序和筛选" | "筛选"命令，退出自动筛选功能。

图 3-58　自动筛选日期

2. 高级筛选

高级筛选是针对复杂条件的筛选。它包含自动筛选的所有功能，还提供了更复杂条件的筛选，并可以将筛选的结果放到指定的位置，可以筛选出不重复的记录。

高级筛选要求在数据清单以外的区域设置所需的筛选条件，该区域与数据清单要有空白行或列的分隔。条件区域至少为两行，第一行为设置筛选条件的字段名，该字段名必须与数据清单中的字段名完全一致，以下各行为相应的条件。同一行上的几个条件之间为"与"关系，即几个条件要同时满足；不同行上的几个条件为"或"关系，即几个条件满足其一即可。

【例 3-10】在"CH3 例题数据.xlsx"工作簿中的销售数据中，筛选销往东北地区的方太品牌和销往华中地区的帅康品牌产品的销售记录，结果如图 3-59 所示。

● 微视频

例 3-10

	A 序号	B 日期	C 销售人员	D 品牌	E 单价	F 数量	G 金额	H 销往区域
335	序号	日期	销售人员	品牌	单价	数量	金额	销往区域
336	T004	2020年1月6日	刘麦麦	帅康	4,200	41	172,200	华中
337	T024	2020年2月5日	刘麦麦	帅康	4,200	22	92,400	华中
338	T027	2020年2月8日	朱莉	帅康	4,700	22	103,400	华中
339	T029	2020年2月10日	朱莉	帅康	4,700	38	178,600	华中
340	T040	2020年2月27日	张令国	帅康	6,300	20	126,000	华中
341	T055	2020年3月13日	李明慧	方太	3,400	20	68,000	东北
342	T058	2020年3月15日	王子	方太	3,700	37	136,900	东北

图 3-59　高级筛选部分结果

操作步骤：

① 打开"CH3 例题数据.xlsx"工作簿。

② 在"销售日志"工作表，在 A328:B330 单元格区域输入筛选条件，如图 3-60 所示（"东北"和"方太"写在同一行，两个条件要同时满足，"华中"和"帅康"写在同一行，两个条件要同时满足，"东北"和"华中"写在不同行，两个条件满足任何一个即可），条件书写需要与数据清单间隔几行或几列。

③ 单击数据清单的任一单元格。

④ 单击"数据"选项卡 | "排序和筛选" | "高级"按钮，打开"高级筛选"对话框。

⑤ 在"高级筛选"对话框的"列表区域"自动确认为数据清单的范围$A$1: $H$324。

⑥ 在"条件区域"确定为$A$328:$B$330。

⑦ 选择"将筛选结果复制到其他位置"单选按钮。

⑧ 确定将筛选结果"复制到"以"'销售日志!'$A$335"为左上角的矩形单元格区域，如图 3-61 所示。

	A	B
328	品牌	销往区域
329	方太	东北
330	帅康	华中

图 3-60　高级筛选条件区域

高级筛选　　　? ✕

方式
○ 在原有区域显示筛选结果(F)
● 将筛选结果复制到其他位置(O)

列表区域(L): $A$1:$H$324

条件区域(C): $A$328:$B$330

复制到(T): '销售日志 '!$A$335

□ 选择不重复的记录(R)

确定　　取消

图 3-61　"高级筛选"对话框

⑨ 选中"选择不重复的记录"复选框。

⑩ 单击"确定"按钮实施筛选。

3.3.3　分类汇总

分类汇总是对相同类别的数据进行统计汇总。要先将同类别的数据连续放在一起（可以使用排序），再对每个类别的数据进行求和、计数、求平均值等汇总计算。

1. 分类汇总表的建立和删除

（1）简单分类汇总

简单分类汇总即对字段进行一种计算方式的汇总。

【例 3-11】在"CH3 例题数据.xlsx"工作簿中的销售数据中，统计各销售人员的销售金额总和，结果如图 3-62 所示。

操作步骤：

① 打开"CH3 例题数据.xlsx"工作簿。

② 在"销售日志"工作表，首先对数据进行分类（可以通过排序实现），单击 C1 单元格（销售人员列的任一单元格均可），单击"数据"选项卡 | "排序和筛选" | "升序"或"降序"按钮。此步操作的目的是使得同类别的数据连续排放，如果数据本身已经符合要求，可以省略此步操作。

微视频

例 3-11

③ 单击要分类汇总的数据清单的任一单元格。

④ 单击"数据"选项卡|"分级显示"|"分类汇总"按钮，如图 3-63 所示，打开"分类汇总"对话框。

1 2 3		A	B	C	D	E	F	G	H
	1	序号	日期	销售人员	品牌	单价	数量	金额	销往区域
+	59			李明慧 汇总				5,811,600	
+	131			刘麦麦 汇总				9,408,000	
+	204			王子 汇总				7,877,300	
+	266			张令国 汇总				11,673,900	
+	329			朱莉 汇总				9,249,600	
-	330			总计				44,020,400	

图 3-62 "分类汇总"部分结果

⑤ 在"分类汇总"对话框的"分类字段"下拉列表框中选择"销售人员"。

⑥ 确定"汇总方式"为"求和"。

⑦ 选中"选定汇总项"列表框中的"金额"复选框，如图 3-64 所示。

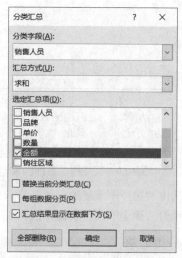

图 3-63 "分级显示"组　　　　图 3-64 "分类汇总"对话框

⑧ 单击"确定"按钮完成分类汇总。

（2）多级分类汇总

多级分类汇总即对字段进行多级分类，并对每一级进行汇总。

【例 3-12】在"CH3 例题数据.xlsx"工作簿中的销售数据中，统计销往各区域的不同品牌产品的数量总和，结果如图 3-65 所示。

操作步骤：

① 打开"CH3 例题数据.xlsx"工作簿。

② 在"销售日志"工作表，将数据按"销往地区"（主要关键字）和"品牌"（次要关键字）进行排序，单击数据清单的任一单元格，单击"数据"选项卡|"排序和筛选"|"排序"，打开"排序"对话框，进行图 3-66 所示的设置，单击"确定"按钮完成排序。

③ 单击"数据"选项卡|"分级显示"|"分类汇总"按钮，打开"分类汇总"对话框，进行图 3-67 所示的设置，单击"确定"按钮，完成按"销往区域"进行的一级分类汇总。

1 2 3 4	A	B	C	D	E	F	G	H
1	序号	日期	销售人员	品牌	单价	数量	金额	销往区域
4				方太 汇总		57		
11				华帝 汇总		159		
14				老板 汇总		41		
16				帅康 汇总		19		
66				万家乐 汇总		1,451		
67						1,727		东北 汇总
124						1,726		华北 汇总
202						2,127		华东 汇总
265						1,847		华南 汇总
351						2,445		华中 汇总
352						9,872		总计
353								

图 3-65　多级分类汇总部分结果

图 3-66　"排序"对话框

④ 再打开"分类汇总"对话框，进行图 3-68 所示的设置，"分类字段"为"品牌"，取消选中"替换当前分类汇总"复选框，即保留"销往区域"分类汇总的结果，再添加"品牌"分类汇总，单击"确定"按钮，完成二级分类汇总。

图 3-67　先按"销往区域"分类

图 3-68　再按"品牌"分类

（3）撤销分类汇总

如果要撤销分类汇总的结果，先单击数据清单的任意单元格，再打开"分类汇总"对话框，单击左下角的"全部删除"按钮，再单击"确定"按钮关闭对话框即可。

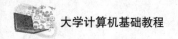

2．分类汇总表的显示

分类汇总后，工作表窗口的左侧会出现分级显示区，在其中利用分级显示按钮，可以对数据进行分级显示，如图 3-69 所示。

单击级别按钮（1、2、3 等），显示相应级别的统计数据。单击最高级别按钮（1）只显示总计结果，单击最低级别按钮（如 4）则显示所有明细数据。

单击折叠按钮（减号）或级别条，隐藏相应部分的明细数据；单击展开按钮（加号），显示相应部分的明细数据。

序号	日期	销售人员	品牌	单价	数量	金额	销往区域
T055	2020年3月13日	李明慧	方太	3,400	20	68,000	东北
T058	2020年3月15日	王子	方太	3,700	37	136,900	东北
			方太 汇总		57		
			华帝 汇总		159		
			老板 汇总		41		
			帅康 汇总		19		
			万家乐 汇总		1,451		
						1,727	东北 汇总
						1,726	华北 汇总
						2,127	华东 汇总
						1,847	华南 汇总
						2,445	华中 汇总
						9,872	总计

图 3-69　分类汇总的分级显示

级别按钮　折叠按钮　级别条　展开按钮

3.4　公式与函数的应用

3.4.1　创建公式

Excel 的公式由数据、运算符、引用和函数组成。

1．输入公式和数值运算

（1）公式中的运算符

① 算术运算符包括+（加）、–（减）、*（乘）、/（除）、^（乘方）。如果要改变运算顺序使用（）（圆括号），最内层的运算级别最高，向外层逐层递减，这类运算结果为数值。

② 比较运算符包括=（等于）、>（大于）、<（小于）、>=（大于等于）、<=（小于等于）、<>（不等于）。这类运算符用于比较相同类型数据，判断运算符所描述的关系是否成立，运算结果为逻辑值 TRUR（逻辑真）或 FALSE（逻辑假）。通常用于描述条件。

③ 文本运算符指&（连接运算符），作用是将两个字符串连接成一个字符串。

④ 引用运算符包括冒号（区域运算符）、逗号（联合运算符）和空格（交叉运算符），是 Excel 特有的运算符，用于单元格引用。

（2）公式的输入

公式必须以 "=" 开始，后面是表达式。

公式可以在单元格输入，也可以在编辑栏输入。按【Enter】键或者单击编辑栏的 "输入" 按钮（√），如图 3-70 所示，确认公式输入完毕。

图 3-70　编辑栏和输入按钮

通常单元格中显示的是公式的计算结果，编辑栏中显示的是公式本身，如图 3-71 所示。

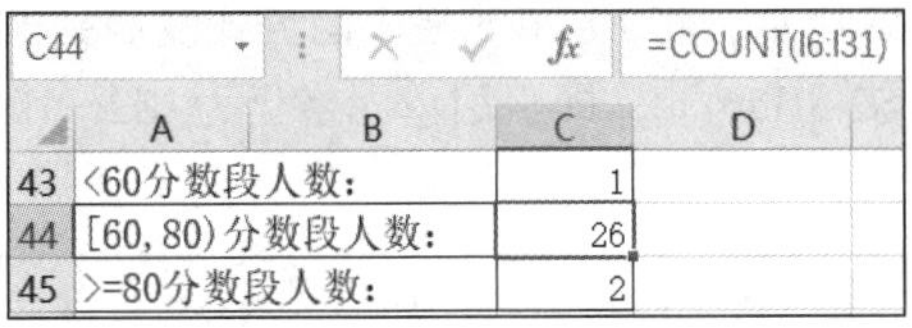
C44　=COUNT(I6:I31)

	A	B	C	D
43	<60分数段人数:		1	
44	[60, 80) 分数段人数:		26	
45	>=80分数段人数:		2	

图 3-71　编辑栏和单元格中公式的不同显示

2. 相对引用、绝对引用和混合引用

公式的灵活性是通过单元格引用来实现的，当引用的数据源单元格发生变化时，公式中的引用数据随之变化，无须手动更新。根据引用单元格被复制到其他单元格时是否会发生变化，分为相对引用、绝对引用和混合引用

（1）相对引用

把含有单元格引用的公式复制到新的位置时，公式中的单元格引用会随着目标单元格位置的变化而产生相对改变。其描述的是以目标单元格为参照的相对位置的单元格引用。例如，如图 3-72 所示，I2 单元格中的公式“=AVERAGE(E2:H2)”引用单元格 E2～H2（图中粗线框中的单元格区域），换言之，I2 引用了相同行（第 2 行）左侧相邻连续 4 列（E～H 列）的单元格。

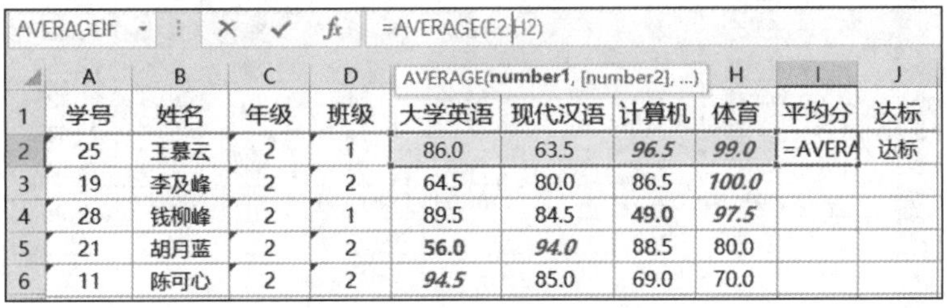
AVERAGEIF　=AVERAGE(E2:H2)

AVERAGE(**number1**, [number2], ...)

	A	B	C	D	E	F	G	H	I	J
1	学号	姓名	年级	班级	大学英语	现代汉语	计算机	体育	平均分	达标
2	25	王慕云	2	1	86.0	63.5	96.5	99.0	=AVERA	达标
3	19	李及峰	2	2	64.5	80.0	86.5	100.0		
4	28	钱柳峰	2	1	89.5	84.5	49.0	97.5		
5	21	胡月蓝	2	2	56.0	94.0	88.5	80.0		
6	11	陈可心	2	2	94.5	85.0	69.0	70.0		

图 3-72　公式中的相对引用

如图 3-73 所示，将 I2 单元格中的公式复制到 I3 单元格，公式自动变为“=AVERAGE(E3:H3)”，看似引用单元格与 I2 相比发生了变化，但实际含义相同：I3 引用的也是相同行（目标单元格 I3 所在第 3 行），左侧相邻连续 4 列（目标单元格 I3 所在的第 I 列的左侧 4 列 E 列到左侧 1 列 H 列）的单元格区域。

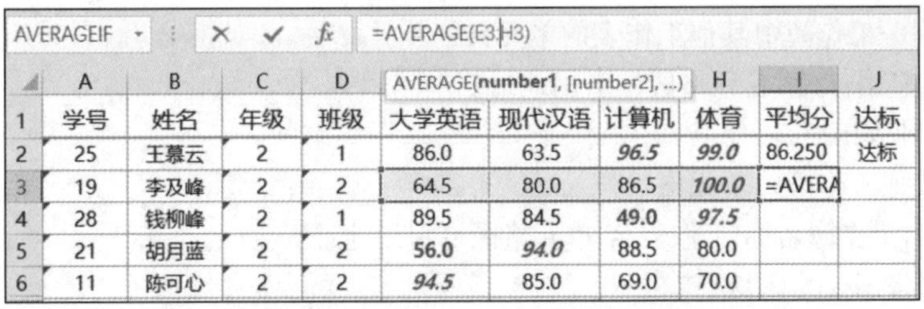
AVERAGEIF　=AVERAGE(E3:H3)

AVERAGE(**number1**, [number2], ...)

	A	B	C	D	E	F	G	H	I	J
1	学号	姓名	年级	班级	大学英语	现代汉语	计算机	体育	平均分	达标
2	25	王慕云	2	1	86.0	63.5	96.5	99.0	86.250	达标
3	19	李及峰	2	2	64.5	80.0	86.5	100.0	=AVERA	
4	28	钱柳峰	2	1	89.5	84.5	49.0	97.5		
5	21	胡月蓝	2	2	56.0	94.0	88.5	80.0		
6	11	陈可心	2	2	94.5	85.0	69.0	70.0		

图 3-73　复制公式中的相对引用

注意：相对引用复制后，引用区域相对目标单元格的位置与被复制公式中引用数据的相对位置描述一致。

（2）绝对引用

如果把含有单元格引用的公式复制到其他位置时，公式中的单元格引用不改变，这就是绝对引用。绝对引用的书写格式与相对引用不同，需要在引用单元格的行号和列号前面加符号“$”。

如图 3-74 所示，E8 单元格中的公式"=AVERAGE($E$2:$H$6)"引用单元格 E2～H6（图中粗线框中的单元格区域）。如图 3-75 所示，将 E8 单元格中的公式复制到 F11 单元格，公式没发生任何变化，仍为"=AVERAGE($E$2:$H$6)"，即引用单元格仍为 E2～H6，而且复制到哪里都不会发生变化。

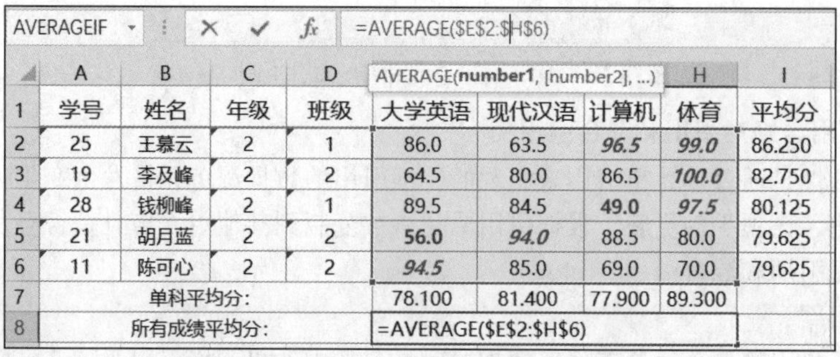

图 3-74　公式中的绝对引用

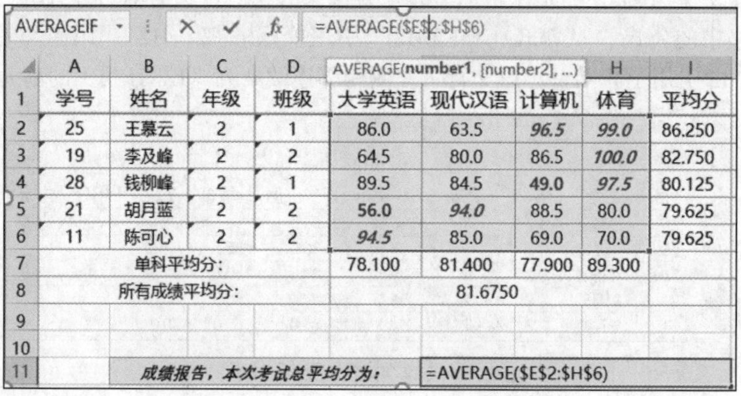

图 3-75　复制公式中的绝对引用

（3）混合引用

混合引用是指单元格地址中既有相对引用也有绝对引用。

3．引用其他工作表的数据

（1）引用同一工作簿中其他工作表的单元格

引用格式：工作表名!单元格区域引用地址。

例如，=统计表!E33。

（2）引用其他工作簿中单元格

引用格式：[工作簿名称]工作表名!单元格区域引用地址。

例如，=[销售.xlsx]水果!$A$7。

4．日期和时间的运算

在 Excel 中，日期和时间是以一种序列值的特殊的数值形式存储的。1900 年 1 月 1 日为序列值的起始值，序列值记为 1，以后每增加一天，序列值相应增加 1，1900 年 1 月 5 日的序列值为 5。时间可以看为日期的一部分，以小数形式的序列值来表示，一天为 1，中午 12:00:00 为 0.5。日期和时间都可以参与数值运算。两个日期相减结果为相差的天数。一个日期加一个整数为若干天之后的一个日期。

如图 3-76 所示，编辑栏中的公式 "=A2−100" 计算的是 2022 年 1 月 1 日 100 天之前的日期，结果是 2021 年 9 月 23 日。

B2	▾	⁝	×	✓	f_x	=A2-100
	A			B		
1	日期			100天之前的日期		
2	2022年1月1日			2021年9月23日		

图 3-76　日期运算

5. 文本运算

如图 3-77 所示，D 列单元格中是同行左侧 A、B、C 列单元格中文本数据依次连接的结果。

D8	▾	⁝	×	✓	f_x	=A8&B8&C8
	A	B	C	D		
4	文本1	文本2	文本3	文本连接运算的结果		
5	今天是	星期六		今天是星期六		
6	今天是	星期六		今天是　星期六		
7	今天是		28 号	今天是28号		
8	今天是	28	号	今天是28号		

图 3-77　文本运算

3.4.2　使用函数

1. 自动求和

【例 3-13】在 "CH3 例题数据.xlsx" 工作簿中的成绩数据相应位置计算总分。

操作步骤：

① 打开 "CH3 例题数据.xlsx" 工作簿。

② 在 "学生成绩" 工作表，选中目标单元格 I2。

③ 单击 "公式" 选项卡|"函数库"|"自动求和" 按钮，如图 3-78 所示，或者按【Alt+=】组合键。

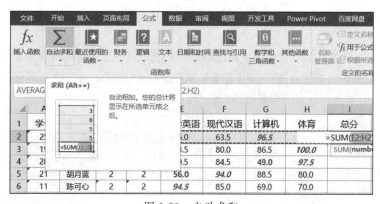

图 3-78　自动求和

④ 目标单元格自动插入 SUM() 函数，并给出求和范围，可用鼠标重新选取求和区域。

⑤ 按【Enter】键，确认完成总分计算。

【例 3-14】在 "CH3 例题数据.xlsx" 工作簿中的成绩数据相应位置计算单科平均分。

操作步骤：

① 打开 "CH3 例题数据.xlsx" 工作簿。

② 在 "学生成绩" 工作表，选中单元格区域 E2:H7（数据引用区域+计算结果区域）。

③ 单击 "公式" 选项卡|"函数库"|"自动求和" 按钮下方的三角形下拉按钮，弹出下拉列表。

大学计算机基础教程

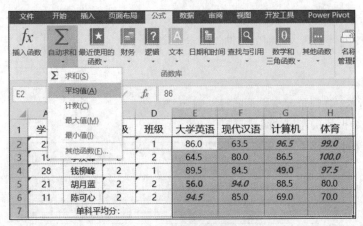

图 3-79　自动求和下拉按钮

④ 选择"平均值"选项，如图 3-79 所示，E7:H7 单元格即显示相应各科平均分，如图 3-80 所示。

	A	B	C	D	E	F	G	H
1	学号	姓名	年级	班级	大学英语	现代汉语	计算机	体育
2	25	王慕云	2	1	86.0	63.5	96.5	99.0
3	19	李及峰	2	2	64.5	80.0	86.5	100.0
4	28	钱柳峰	2	1	89.5	84.5	49.0	97.5
5	21	胡月蓝	2	2	56.0	94.0	88.5	80.0
6	11	陈可心	2	2	94.5	85.0	69.0	70.0
7		单科平均分:			78.100	81.400	77.900	89.300

图 3-80　单科平均分结果

2. 自动计算

Excel 提供自动计算功能，选定单元格区域的平均值、计数、求和等就会显示在状态栏中，如图 3-81 所示。如果在状态栏右击，弹出快捷菜单如图 3-82 所示，在其中进行设置。状态栏可以显示选定区域的最大值、最小值、数值计数等计算结果。

	A	B	C	D	E	F	G	H	I
1	学号	姓名	年级	班级	大学英语	现代汉语	计算机	体育	总分
2	25	王慕云	2	1	86.0	63.5	96.5	99.0	345.0
3	19	李及峰	2	2	64.5	80.0	86.5	100.0	331.0
4	28	钱柳峰	2	1	89.5	84.5	49.0	97.5	320.5
5	21	胡月蓝	2	2	56.0	94.0	88.5	80.0	318.5
6	11	陈可心	2	2	94.5	85.0	69.0	70.0	318.5
7		单科平均分:			78.100	81.400	77.900	89.300	

平均值: 326.7　计数: 5　求和: 1633.5

图 3-81　状态栏显示自动计算结果

✓	平均值(A)	326.7
✓	计数(C)	5
	数值计数(T)	5
	最小值(I)	318.5
	最大值(X)	345.0
✓	求和(S)	1633.5

图 3-82　自定义状态栏快捷选项

90

3．函数的输入

（1）直接输入

在单元格或编辑栏中直接输入公式，按【Enter】键结束。

（2）通过"插入函数"对话框

① 选中目标单元格。

② 单击"公式"|"函数库"|"插入函数"（见图 3–83），或单击编辑栏的"插入函数"按钮 f_x，打开"插入函数"对话框，如图 3-84 所示。

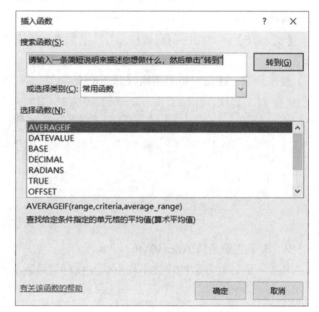

图 3-83　选项卡的"插入函数"按钮　　　　　　　　图 3-84　"插入函数"对话框

③ 在列表框中选择所需函数或"搜索函数"，单击"确定"按钮，弹出"函数参数"对话框，如图 3-85 所示。

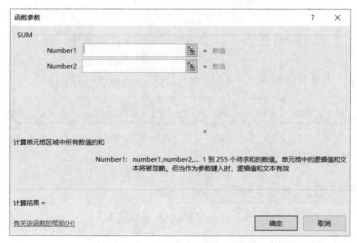

图 3-85　"函数参数"对话框

④ 在"函数参数"对话框中，按需输入参数，单击"确定"按钮完成函数的输入。

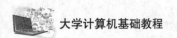

3.4.3 常用函数

1. 求和函数 SUM

功能：计算单元格区域中所有数值的和，属于数学与三角函数。

格式：SUM(参数 1,参数 2,…)

参数：1～255 个，可以是数值、逻辑值、文本数字、单元格、名称等。

注释：直接输入到参数表中的数字、逻辑值及文本数字表达式将被计算。

如果参数是一个数组或引用，则只计算其中的数字。数组或引用中的空单元格、逻辑值或文本将被忽略。

【例 3-15】在"CH3 例题数据.xlsx"工作簿中的成绩单工作表中，在 I3 单元格计算赵萍锦的总分。

操作步骤：在指定单元格输入图 3-86 所示的公式：=SUM(E3:H3)。

	A	B	C	D	E	F	G	H	I	J	K	L
2	学号	姓名	年级	班级	大学英语	现代汉语	计算机	体育	总分	达标	等级	名次
3	01	赵萍锦	2	1	98.0	62.0	67.0	56.0	283.0	FALSE	良好	17
4	02	郑诗昆	2	1		67.5	84.5	88.5	240.5	TRUE	及格	29
43												
44		公式			结果							
45	=SUM(E3:H3)				283							
46	=SUM(A3:E3)				98.0							
47	=SUM("2",TRUE,3)				6							

图 3-86　SUM 函数应用

2. 求平均值函数 AVERAGE

功能：返回其参数的算数平均值；参数可以是数值或包含数值的名称、数组或引用，属于统计函数。

格式：AVERAGE(参数 1,参数 2,…)

参数：1～255 个，可以是数值、逻辑值、文本数字、单元格、名称等。

注释：参数可以是数字或者是包含数字的名称、单元格区域或单元格引用。逻辑值和直接输入的文本数字被计算在内。如果区域或单元格引用参数包含文本、逻辑值或空单元格，则这些值将被忽略。

【例 3-16】在"CH3 例题数据.xlsx"工作簿中的成绩单工作表中，在 D57 单元格计算郑诗昆的平均分。

操作步骤：在指定单元格输入图 3-87 所示的公式：=AVERAGE(E4:H4)。

	A	B	C	D	E	F	G	H	I	J	K	L
2	学号	姓名	年级	班级	大学英语	现代汉语	计算机	体育	总分	达标	等级	名次
3	01	赵萍锦	2	1	98.0	62.0	67.0	56.0	283.0	FALSE	良好	17
4	02	郑诗昆	2	1		67.5	84.5	88.5	240.5	TRUE	及格	29
39												
55		公式			结果							
56	=AVERAGE(E3:H3)				70.8							
57	=AVERAGE(E4:H4)				80.2							
58	=AVERAGE(A3:E3)				98.00							

图 3-87　AVERAGE 函数应用

3. 最大值函数 MAX、最小值函数 MIN

功能：返回一组数值中的最大值/最小值，忽略逻辑值和文本，属于统计函数。

格式：MAX/MIN(参数 1,参数 2,…)

参数：1～255 个，可以是数值、逻辑值、文本数字、日期、空单元格、单元格和区域引用、名称等。

注释：参数可以是数字或者是包含数字的名称、数组或引用。如果参数为数组或引用，则只使用该数组或引用中的数字，其中的空单元格、逻辑值或文本将被忽略。

【例 3-17】在"CH3 例题数据.xlsx"工作簿中的成绩单工作表中，在 E71、E73 单元格分别计算赵萍锦的单科最好成绩和单科最差成绩。

操作步骤：在指定单元格输入图 3-88 所示的公式：=MAX(E3:H3)和=MIN(E3:H3)。其中 E72 单元格显示的 44500 就是日期 2021/10/31 对应的数值。

图 3-88　MAX/MIN 函数应用

4．数值计数函数 COUNT 和计数 COUNTA

功能：数值计数函数计算区域中包含数字的单元格的个数，计数函数计算区域中非空单元格的个数，两者都属于统计函数。

格式：COUNT/COUNTA (参数 1,参数 2,…)

参数：1～255 个，可以是数值、逻辑值、文本数字、日期、空单元格、单元格和区域引用、名称等。

注释：

COUNT(参数 1,参数 2,…)如果参数为数组或引用，只计算数组或引用中数值和日期的个数。

COUNTA(参数 1,参数 2,…)可对包含任何类型信息的单元格进行计数，不会对空单元格进行计数。

【例 3-18】在"CH3 例题数据.xlsx"工作簿中的成绩单工作表中，在 B104、B105 单元格分别统计大学英语科目的应考人数和实考人数。

操作步骤：在指定单元格输入图 3-89 和图 3-90 所示的公式：=COUNT(B95:B103)和=COUNTA(B95:B103)。

图 3-89　COUNT 函数应用　　　图 3-90　COUNTA 函数应用

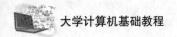

5. 取整函数 INT

功能：将数值向下取整为最接近的整数，如图 3-91 所示，属于数学与三角函数。

格式：INT(数值)

参数：1 个，可以是任意实数或数值表达式。

公式	结果
=INT(8.01)	8
=INT(8.99)	8
=INT(0.01)	0
=INT(-0.99)	-1

图 3-91　INT 函数应用 1

【例 3-19】在"CH3 例题数据.xlsx"工作簿中的成绩单工作表中，在 F 列相应单元格分别统计平均分所在分数段（10 分一段）。

操作步骤：在指定单元格 F125 输入图 3-92 所示的公式：=INT(E125/10)*10。

F125		× ✓ fx	=INT(E125/10)*10		
	A	B	C	D	E	F
123	姓名	大学英语	现代汉语	计算机	平均分	平均分分数段
124	周依依	71.5	70.5	70.0	70.7	70
125	王璆	92.5	68.5	88.5	83.2	80
126	刘方兰	66.5	80.0	78.5	75.0	70
127	王慕云	86.0	63.5	96.5	82.0	80
128	张天天	100.0	57.5	79.0	78.8	70
129	杨园园	72.5	46.0	68.0	62.2	60
130	钱柳峰	89.5	84.5	49.0	74.3	70

图 3-92　INT 函数应用 2

6. 四舍五入函数 ROUND

功能：返回按指定位数四舍五入的数值，如图 3-93 所示，属于数学与三角函数。

格式：ROUND(数值,指定位数)

参数：2 个，第二个参数是整数，为指定位数。

公式	结果
=ROUND(156.356,2)	156.36
=ROUND(156.356,0)	156
=ROUND(156.356,-1)	160

图 3-93　ROUND 函数应用

注释：如果指定位数大于 0（零），则将数字四舍五入到指定的小数位。如果指定位数等于 0，则将数字四舍五入到最接近的整数。如果指定位数小于 0，则在小数点左侧进行四舍五入。

7. 条件检测函数 IF

功能：依据条件进行判断，满足条件，结果为返回值 1，不满足条件，结果为返回值 2，属于逻辑函数。

格式：IF(条件,返回值1,返回值2)

参数：3 个参数，第一个参数为判断条件，结果为逻辑值（TRUE 或 FALSE），后两个参数不限定类型。

注释：条件为逻辑型表达式，计算结果为 TRUE 或 FALSE。例如，A10=100 就是一个逻辑表达式；如果单元格 A10 中的值等于 100，表达式的计算结果为 TRUE；否则为 FALSE。

【例 3-20】在 CH3 例题数据.xlsx 工作簿中的成绩数据中，在 J3 单元格标注赵萍锦的体育达标情况（体育成绩在 75 分以上（含 75）标注为"达标"，否则为"未达标"）

操作步骤：在指定单元格输入图 3-94 所示的公式：=IF(H3>=75,"达标","未达标")。

J3		× ✓ fx	=IF(H3>=75,"达标","未达标")					
	A	B	C	D	E	F	G	H	I	J
2	学号	姓名	年级	班级	大学英语	现代汉语	计算机	体育	总分	达标
3	01	赵萍锦	2	1	98.0	62.0	67.0	56.0	283.0	未达标
4	02	郑诗昆	2	1	67.5	77.0	84.5	88.5	317.5	达标

图 3-94　IF 函数应用 1

【例 3-21】在 "CH3 例题数据.xlsx"工作簿中的成绩数据中，在 D 列相应单元格计算每题得分（学生答案和标准答案相同时，得 1 分，否则为 0 分）。

操作步骤：在指定单元格输入图 3-95 所示的公式：=IF(B152=C152,1,0)。

D152		×	✓	fx	=IF(B152=C152,1,0)

	A	B	C	D
151	题号	标准答案	学生答案	得分
152	1	A	A	1
153	2	B	B	1
154	3	D	C	0
155	4	B	B	1
156	5	A	B	0
157	6	C	C	1

图 3-95 IF 函数应用 2

8. 排名函数 RANK.EQ

功能：返回某个数值在一列数值中的大小排名；如果多个排名相同，则返回该组数值的最佳排名，属于统计函数。

格式：RANK.EQ(排名数值,排名区域,方式)

参数：3 个。

注释：排名区域为数字列表数组或对数字列表的引用。其中的非数值型参数将被忽略。方式为数字，指明排位的方式。如果其为 0（零）或省略则按照降序排列；不为零，则排名是基于升序排列的列表。

【例 3-22】在 "CH3 例题数据.xlsx"工作簿中的成绩数据中，在 L7 单元格计算胡月蓝总分的排名。

操作步骤：在指定单元格输入图 3-96 所示的公式：=RANK.EQ(I7,I3:I32,0)。

AVERAGEIFS		×	✓	fx	=RANK.EQ(I7,I3:I32,0)

	A	B	C	D	E	F	G	H	I	J	K	L
2	学号	姓名	年级	班级	大学英语	现代汉语	计算机	体育	总分	达标	等级	名次
3	25	王慕云	2	1	86.0	63.5	96.5	99.0	345.0	TRUE	优秀	1
4	19	李及峰	2	2	64.5	80.0	86.5	100.0	331.0	TRUE	良好	2
5	28	钱柳峰	2	1	89.5	84.5	49.0	97.5	320.5	TRUE	良好	3
6	11	陈可心	2	2	94.5	85.0	69.0	70.0	318.5	FALSE	良好	4
7	21	胡月蓝	2	2	56.0	94.0	88.5	80.0	318.5	TRUE	良好	Q(I7,I3:I32

图 3-96 RANK.EQ 函数应用

9. 条件求和函数 SUMIF 和 SUMIFS

（1）SUMIF 函数

功能：返回指定区域内满足条件的单元格的和，属于数学与三角函数。

格式：SUMIF(条件区域,条件,求和区域)

参数：3 个，第二个参数是条件参数，可以是数值、文本和表达式，当其为文本或表达式时，需加半角双引号。

注释：

条件区域必需，是用于条件计算的单元格区域。区域中的每个单元格都必须是数字或名称、数组或包含数字的引用。空值和文本值将被忽略。

条件必需。用于确定对哪些单元格求和的条件，其形式可以为数字、表达式、单元格引用、文本或函数。例如，条件可以表示为 32、">32"、B5、"苹果"或 TODAY()。

求和区域可选。如果求和区域参数被省略，默认条件区域即求和区域。

【例 3-23】在 CH3 例题数据.xlsx 工作簿中的销售数据中，统计朱莉 1 月 15 日之前的销售数量和。

操作步骤：在指定单元格输入图 3-97 所示的公式：=SUMIF(C2:C10,"朱莉",F2:F10)或=SUMIF(C2:C10,C2,F2:F10)。

	公式	结果
朱莉1月15日之前的销售数量	=SUMIF(C2:C10,"朱莉",F2:F10)	106
	=SUMIF(C2:C10,C2,F2:F10)	106

AVERAGEIF	▼	:	×	✓	fx	=sumif(C2:C10,C2,F2:F10)			

	A	B	C	D	E	F	G	H
			SUMIF(range, criteria, [sum_range])					
1	序号	日期	销售人员	品牌	单价	数量	金额	销往区域
2	T001	2020年1月3日	朱莉	帅康	4,700	17	79,900	华南
3	T002	2020年1月3日	张令国	方太	6,300	47	296,100	华中
4	T003	2020年1月5日	朱莉	华帝	4,700	32	150,400	华东
5	T004	2020年1月6日	刘麦麦	帅康	4,200	41	172,200	华中
6	T005	2020年1月7日	张令国	老板	6,300	49	308,700	华中
7	T006	2020年1月9日	王子	老板	3,700	12	44,400	东北
8	T007	2020年1月11日	张令国	万家乐	6,300	34	214,200	华南
9	T008	2020年1月12日	朱莉	万家乐	4,700	11	51,700	华东
10	T009	2020年1月13日	朱莉	方太	4,700	46	216,200	华中

图 3-97　SUMIF 函数应用

（2）SUMIFS 函数

功能：返回指定区域内满足多个条件的单元格的和，属于数学与三角函数。

格式：SUMIFS(求和区域,条件区域1,条件1,条件区域2,条件2,…)

参数：条件区域和条件参数最多 127 对，条件参数可以是数值、文本、单元格引用和表达式，为文本和表达式时，需加半角双引号。

注释：

求和区域中包含 TRUE 的单元格计算为 1；求和区域中包含 FALSE 的单元格计算为 0（零）。

与 SUMIF 函数中的区域和条件参数不同，SUMIFS 函数中每个条件区域参数包含的行数和列数必须与求和区域参数相同。

可以在条件中使用通配符，即问号（？）和星号（＊）。问号匹配任一单个字符；星号匹配任一字符序列。如果要查找实际的问号或星号，可在字符前输入波形符（~）。

【例 3-24】在 "CH3 例题数据.xlsx" 工作簿中的销售数据中，统计朱莉 1 月 15 日之前销往华南地区的数量和。

操作步骤：在指定单元格输入图 3-98 所示的公式：=SUMIFS(F2:F10,C2:C10,"朱莉",H2:H10,"华东")或= SUMIFS(F2:F10,C2:C10,C2,H2:H10,H4)。

	公式	结果
朱莉1月15日之前销往华南地区的数量和	=SUMIFS(F2:F10,C2:C10,"朱莉",H2:H10,"华东")	43
	=SUMIFS(F2:F10,C2:C10,C2,H2:H10,H4)	43

AVERAGEIF	▼	:	×	✓	fx	=SUMIFS(F2:F10,C2:C10,C2,H2:H10,H4)			

	A	B	C	D	E	F	G	H
			SUMIFS(sum_range, criteria_range1, criteria1, [criteria_range2, criteria2], [criteri					
1	序号	日期	销售人员	品牌	单价	数量	金额	销往区域
2	T001	2020年1月3日	朱莉	帅康	4,700	17	79,900	华南
3	T002	2020年1月3日	张令国	方太	6,300	47	296,100	华中
4	T003	2020年1月5日	朱莉	华帝	4,700	32	150,400	华东
5	T004	2020年1月6日	刘麦麦	帅康	4,200	41	172,200	华中
6	T005	2020年1月7日	张令国	老板	6,300	49	308,700	华中
7	T006	2020年1月9日	王子	老板	3,700	12	44,400	东北
8	T007	2020年1月11日	张令国	万家乐	6,300	34	214,200	华南
9	T008	2020年1月12日	朱莉	万家乐	4,700	11	51,700	华东
10	T009	2020年1月13日	朱莉	方太	4,700	46	216,200	华中

图 3-98　SUMIFS 函数应用

10．条件计数函数 COUNTIF 和 COUNTIFS

（1）COUNTIF 函数

功能：返回指定区域内满足单个指定条件的单元格的个数，属于统计函数。

格式：COUNTIF(单元格区域,条件)

参数：2 个，第二个参数可以是数值、文本、单元格引用和表达式，为文本和表达式时，需加半角双引号。

注释：

在条件中可以使用通配符，即问号（?）和星号（*）。

条件不区分大小写。例如，字符串"apples"和字符串"APPLES"将匹配相同的单元格。

（2）COUNTIFS 函数

功能：返回指定区域内满足多个条件的单元格的个数，属于统计函数。

格式：COUNTIFS(单元格区域 1,条件 1,单元格区域 2,条件 2,…)

参数：单元格区域参数最多 127 个，条件参数可以是数值、文本、单元格引用和表达式，最多 127 个，为文本和表达式时，需加半角双引号。每一个附加的单元格区域都必须与参数单元格区域 1 具有相同的行数和列数。这些区域无须彼此相邻。

注释：

如果条件参数是对空单元格的引用，COUNTIFS 会将该单元格的值视为 0。

可以在条件中使用通配符，即问号（?）和星号（*）。

【例 3-25】在"CH3 例题数据.xlsx"工作簿中的成绩数据中，在 D212、D213 单元格分别统计不及格人次和非正常考试人次。

操作步骤：在指定单元格输入图 3-99 所示的公式：=COUNTIF(B202:D210,"<60")和=COUNTIF(B202:D210,"*考")。

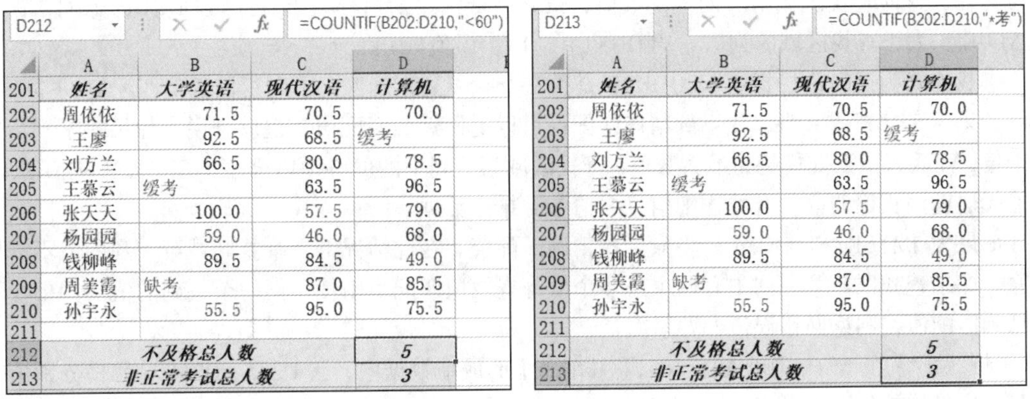

D212　=COUNTIF(B202:D210,"<60")

	A	B	C	D
201	姓名	大学英语	现代汉语	计算机
202	周依依	71.5	70.5	70.0
203	王廖	92.5	68.5	缓考
204	刘方兰	66.5	80.0	78.5
205	王慕云	缓考	63.5	96.5
206	张天天	100.0	57.5	79.0
207	杨园园	59.0	46.0	68.0
208	钱柳峰	89.5	84.5	49.0
209	周美霞	缺考	87.0	85.5
210	孙宇永	55.5	95.0	75.5
211				
212	不及格总人数			5
213	非正常考试总人数			3

D213　=COUNTIF(B202:D210,"*考")

	A	B	C	D
201	姓名	大学英语	现代汉语	计算机
202	周依依	71.5	70.5	70.0
203	王廖	92.5	68.5	缓考
204	刘方兰	66.5	80.0	78.5
205	王慕云	缓考	63.5	96.5
206	张天天	100.0	57.5	79.0
207	杨园园	59.0	46.0	68.0
208	钱柳峰	89.5	84.5	49.0
209	周美霞	缺考	87.0	85.5
210	孙宇永	55.5	95.0	75.5
211				
212	不及格总人数			5
213	非正常考试总人数			3

图 3-99　COUNTIF 函数应用

【例 3-26】在"CH3 例题数据.xlsx"工作簿中的成绩数据中，在 D214 单元格统计英语和汉语同时不及格的人数。

操作步骤：在指定单元格输入图 3-100 所示的公式：=COUNTIFS(B202:B210,"<60",C202:C210, "<60")。

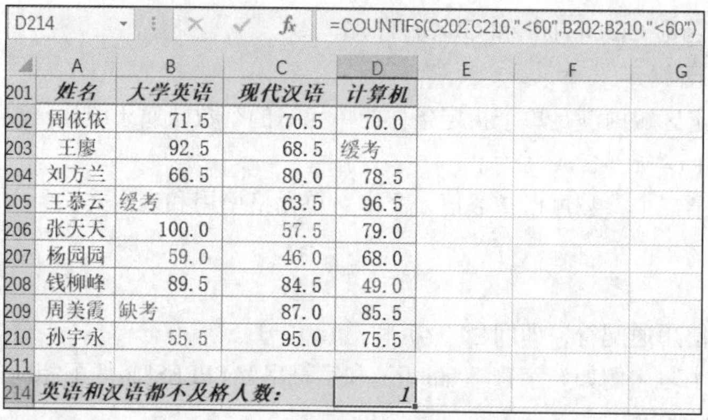
D214 =COUNTIFS(C202:C210,"<60",B202:B210,"<60")

	A	B	C	D	E	F	G
201	*姓名*	*大学英语*	*现代汉语*	*计算机*			
202	周依依	71.5	70.5	70.0			
203	王廖	92.5	68.5	缓考			
204	刘方兰	66.5	80.0	78.5			
205	王慕云	缓考	63.5	96.5			
206	张天天	100.0	57.5	79.0			
207	杨园园	59.0	46.0	68.0			
208	钱柳峰	89.5	84.5	49.0			
209	周美霞	缺考	87.0	85.5			
210	孙宇永	55.5	95.0	75.5			
211							
214	*英语和汉语都不及格人数:*			*1*			

图 3-100　COUNTIFS 函数应用

11. 查找函数 VLOOKUP（不含数组）

功能：在指定单元格区域的首列查找指定值，并返回该值所在行内指定列号的单元格的值，属于查找与引用函数。

格式：`VLOOKUP(查找值,查找区域,列号,查找方式)`

参数：4 个。

注释：

查找值为需要在表格数组第一列中查找的数值。查找值可以为数值或引用。若查找值小于查找区域第一列中的最小值，则 VLOOKUP 返回错误值#N/A。

查找区域为两列或多列数据。使用对区域或区域名称的引用。查找区域第一列中的值是由查找值搜索的值。这些值可以是文本、数字或逻辑值。文本不区分大小写。

列号为查找区域中待返回的匹配值的列序号。列号为 1 时，返回查找区域第一列中的数值；列号为 2，返回查找区域第二列中的数值，依此类推。如果列号小于 1，VLOOKUP 返回错误值#VALUE!；大于查找区域的列数，VLOOKUP 返回错误值#REF!。

查找方式为逻辑值，指定 VLOOKUP 是否在查找不到精确匹配值时返回近似匹配值：

如果为 TRUE 或省略，找不到精确匹配值可以返回近似匹配值。也就是说，如果找不到精确匹配值，就返回小于查找值的最大数值。查找区域第一列中的值必须以升序排序，否则 VLOOKUP 可能无法返回正确的值。有关详细信息，请参阅排序数据。

如果为 FALSE，VLOOKUP 将只寻找精确匹配值。在此情况下，查找区域第一列的值不需要排序。如果查找区域第一列中有两个或多个值与查找值匹配，则使用第一个找到的值。如果找不到精确匹配值，则返回错误值#N/A。

【例 3-27】在“CH3 例题数据.xlsx”工作簿中的成绩数据中，在 D215、D216 单元格分别填写王慕云、王柠柠的计算机成绩。

操作步骤：在指定单元格输入图 3-101 所示的公式：=VLOOKUP("王慕云", A202:D210, 4,FALSE)和=VLOOKUP("王柠柠",A203:D211,4,FALSE)。

【例 3-28】在“CH3 例题数据.xlsx”工作簿中的成绩数据中，在 K 列单元格填写总成绩的等级（VLOOKUP 函数）。

操作步骤：

① 在数据清单右侧 Q1:R5 为总成绩等级判定构造一个图 3-102 所示的标准（第一列升序）。

② 在 K2 单元格输入图 3-102 所示的公式：=VLOOKUP(I2,$Q$2:$R$5,2,TRUE)。

③ 将 K2 单元格复制到 K 列其他单元格。

D216　=VLOOKUP("王柠柠",A203:D211,4,FALSE)

	A	B	C	D	E	F
201	姓名	大学英语	现代汉语	计算机		
202	周依依	71.5	70.5	70		
203	王廖	92.5	68.5	缓考		
204	刘方兰	66.5	80	78.5		
205	王慕云	86	63.5	96.5		
206	张天天	100	57.5	79		
207	杨园园	免考	46	68		
208	钱柳峰	89.5	84.5	49		
209	周美霞	缺考	87	85.5		
210	孙宇永	55.5	95.0	75.5		
211						
215	王慕云同学的计算机成绩：			96.5		
216	王柠柠同学的计算机成绩：			#N/A		

图 3-101　VLOOKUP 函数应用 1

K2　=VLOOKUP(I2,$Q$2:$R$5,2,TRUE)

	A	B	C	D	E	F	G	H	I	J	K	L	O	P	Q	R
1	学号	姓名	年级	班级	大学英语	现代汉语	计算机	体育	总分	达标	等级	名次			标准	等级
2	01	赵萍锦	2	1	98.0	62.0	67.0	56.0	283.0	未达标	良	18			0	差
3	02	郑诗昆	2	1	67.5	77.0	84.5	88.5	317.5	达标	良	7			240	中
4	03	李志明	2	2	45.0	80.0	97.5	63.5	286.0	未达标	良	16			280	良
5	04	章肖肖	2	2	86.0	77.0	59.0	69.0	291.0	未达标	良	15			320	优
6	05	杨昭和	2	1	58.5	79.5	58.5	82.0	278.5	达标	中	22				

图 3-102　VLOOKUP 函数应用 2

注意：第 4 个参数为 TRUE，找不到精确匹配值可以返回近似匹配值。也就是说，在标准列没找到 283 分，就返回它前面的最近的标准（280）对应的等级。查找区域也就是标准列必须升序。

12. 文本处理函数 LEFT、RIGHT、MID 和 LEN

（1）LEFT 函数

功能：返回指定文本的左边起的指定个数的子文本，属于文本函数。

格式：`LEFT(指定文本,数值)`

参数：2。

（2）RIGHT 函数

功能：返回指定文本的右边指定个数的子文本，属于文本函数。

格式：`RIGHT(指定文本,数值)`

参数：2。

（3）MID 函数

功能：返回指定文本，从数值 1 指定左起位置开始，截取数值 2 指定数量的子文本，属于文本函数。

格式：`MID(指定文本,数值 1,数值 2)`

参数：3。

（4）LEN 函数

功能：返回指定文本的字符个数（整数），属于文本函数。

格式：`LEN(指定文本)`

参数：1。

【例 3-29】在“CH3 例题数据.xlsx”工作簿中的成绩数据中，在 F 列和 G 列单元格填写学生

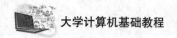

的姓氏和名字信息。

操作步骤：

① 在 F36 单元格输入图 3-103 的公式：=LEFT(A36,1)。

② 在 G36 单元格输入图 3-103 的公式：=RIGHT(A36,2)或=MID(A36,2,LEN(A36)−1)。

③ 将填写的公式复制到同列其他单元格。

	公式	结果
姓氏	=LEFT(A36,1)	刘
名字	=RIGHT(A36,2)	方兰
名字	=MID(A36,2,2)	方兰
名字	=MID(A36,2,LEN(A36)−1)	方兰

	A	B	C	D	E	F	G
35	姓名	大学英语	现代汉语	计算机		姓氏	名字
36	刘方兰	66.5	80	78.5		刘	方兰
37	钱柳峰	89.5	84.5	49		钱	柳峰

图 3-103　文本函数应用

13. 日期与时间函数 YEAR、MONTH、DAY、TODAY、NOW 和 DATE

（1）YEAR 函数

功能：返回指定日期的年份数值（1900～9999），属于日期与时间函数。

格式：YEAR(日期)

参数：1。

（2）MONTH 函数

功能：返回指定日期的月份数值（1～12），属于日期与时间函数。

格式：MONTH(日期)

参数：1。

（3）DAY 函数

功能：返回指定日期的在月份中的序列号（1～31），属于日期与时间函数。

格式：DAY(日期)

参数：1。

（4）TODAY 函数。

功能：返回当前系统日期，属于日期与时间函数。

格式：TODAY()

参数：没有参数。

（5）NOW 函数

功能：返回当前系统日期和时间，属于日期与时间函数。

格式：NOW()

参数：没有参数。

（6）DATE 函数

功能：返回指定年月日的日期（其中年、月、日是数值），属于日期与时间函数。

格式：DATE(年,月,日)

参数：3 个参数。

【例 3-30】填写当前日期、当前月份和日期今年 6 月 1 日（截图时间为 2022 年）。

操作步骤：在指定单元格输入图 3-104 所示的公式：=TODAY()、=MONTH(NOW())和=DATE(YEAR(NOW()),6,1)。

	公式	结果
当前日期	=TODAY()	2022/3/4
当前月份	=MONTH(NOW())	3
今年6月1日	=DATE(YEAR(NOW()),6,1)	2022/6/1

图 3-104　日期时间函数的应用

3.4.4　在公式中套用函数和函数的嵌套

1．在公式中套用函数

【例 3-31】在“CH3 例题数据.xlsx”工作簿中的成绩数据中，在 E33 单元格填写大学英语课程的优秀率（85 分以上含 85 分）。

操作步骤：在指定单元格输入图 3-105 所示的公式：=COUNTIF(E2:E31,">=85")/COUNT(E2:E31)。

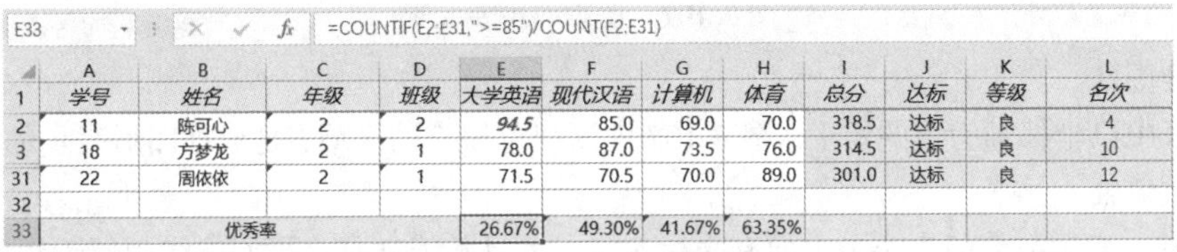
E33　=COUNTIF(E2:E31,">=85")/COUNT(E2:E31)

	A	B	C	D	E	F	G	H	I	J	K	L
1	学号	姓名	年级	班级	大学英语	现代汉语	计算机	体育	总分	达标	等级	名次
2	11	陈可心	2	2	94.5	85.0	69.0	70.0	318.5	达标	良	4
3	18	方梦龙	2	1	78.0	87.0	73.5	76.0	314.5	达标	良	10
31	22	周依依	2	1	71.5	70.5	70.0	89.0	301.0	达标	良	12
32												
33	优秀率				26.67%	49.30%	41.67%	63.35%				

图 3-105　公式中套用函数

2．函数的嵌套

【例 3-32】在“CH3 例题数据.xlsx”工作簿中的成绩数据中，在 K 列单元格填写同学的总分等级（IF 函数嵌套）。

操作步骤：在指定单元格输入图 3-106 所示的公式：=IF(I2>=340,"优",IF(I2>=280,"良",IF(I2>=240,"中","不及格")))。

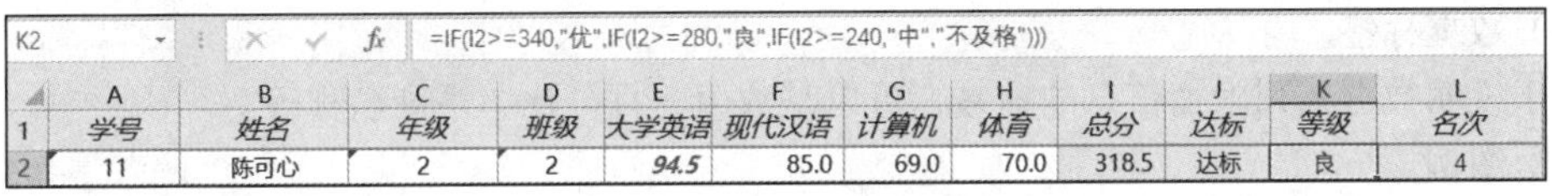
K2　=IF(I2>=340,"优",IF(I2>=280,"良",IF(I2>=240,"中","不及格")))

	A	B	C	D	E	F	G	H	I	J	K	L
1	学号	姓名	年级	班级	大学英语	现代汉语	计算机	体育	总分	达标	等级	名次
2	11	陈可心	2	2	94.5	85.0	69.0	70.0	318.5	达标	良	4

图 3-106　函数的嵌套

3.5　图表的创建与编辑

图表可以增加数据的可读性，直观性更好，丰富数据的表现形式。当工作表的数据源变化时，图表会自动更新。

3.5.1　创建图表

Excel 中的图表分为嵌入式图表和图表工作表两类，前者和数据源在同一张工作表中，以对象方式嵌入；后者是一张独立的工作表。两者均与数据源相链接，随数据源的变化而更新。

1．图表的主要元素和术语介绍

（1）图表区

图表的全部范围，图 3-107 中最大范围白色填充的矩形，默认为白色填充和黑色边框。

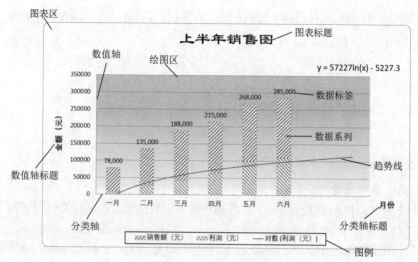

图 3-107　图表的主要元素

（2）绘图区

图表区中以坐标轴为边的矩形，图 3-107 中渐变色填充的区域，是数据图形表示的核心区域。

（3）数值轴

即 Y 轴，表示数值的大小。上面有坐标刻度，其延长线就是水平网格线，便于阅读数值。

（4）分类轴

即 X 轴，常表示时间、种类等。通常带有文字说明，即分类轴标志（来自图表数据区域的行或列标题）。

（5）数据系列

即以图形表示的数据清单的数据，可以按行或按列来形成数据系列，通常同一系列以相同颜色、图案表示。

（6）数据标签

用于说明数据系列附加信息的标签，可以是数值、百分比、系列名称等。

（7）图例

用于说明数据系列颜色、图案的示例，可以根据实际需要进行取舍。

（8）标题

有图表标题、分类轴标题、数值轴标题。

2．图表的创建与删除

（1）创建图表

【例 3-33】 在"CH3 例题数据.xlsx"工作簿中的美好皮鞋销售数据中，创建上半年销售图（柱形图）。

方法 1：使用功能区创建图表。具体操作步骤如下：

① 选定生成图表的数据区域 A3:G5，包括行列标题，如图 3-108 所示，或者单击这个数据清单的任何一个单元格，系统默认此数据清单为图表数据源。

② 单击"插入"|"图表"|"插入柱形图或条形图"按钮，在下拉列表中选择图表类型"二维柱形图"|"簇状柱形图"，如图 3-109 所示，即在当前工作表创建了嵌入式图表，并在功能区出现"图表工具"选项卡，如图 3-110 所示。

微视频

例 3-33

月份	一月	二月	三月	四月	五月	六月
销售额（元）	78000	135000	188000	215000	268000	285000
利润（元）	7000	27000	41350	62500	99300	108000

图 3-108　上半年销售数据

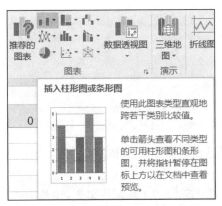

图 3-109　图表功能区插入图表

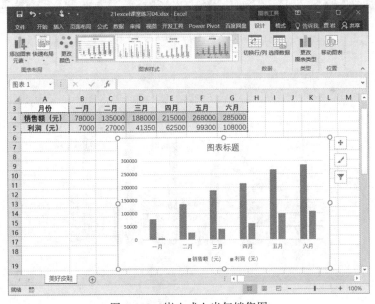

图 3-110　嵌入式上半年销售图

方法 2：使用对话框创建图表。具体操作步骤如下：

① 选定生成图表的数据区域。

② 单击"插入"|"图表"|"推荐的图表"按钮，打开"插入图表"对话框。

③ 在打开的对话框左侧"推荐的图表"或"所有图表"中选取所需的图表类型，如"簇状柱形图"，如图 3-111 所示。

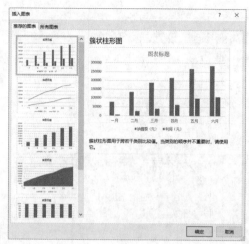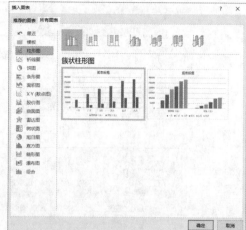

图 3-111 "插入图表"对话框

④ 单击"确定"按钮即插入图表。

方法 3：使用快捷键创建图表（基于默认图表类型）。具体操作步骤如下：

① 选定生成图表的数据区域。

② 按【Alt+F1】组合键创建嵌入式图表或按【F11】键创建图 3-112 所示的工作表图表。

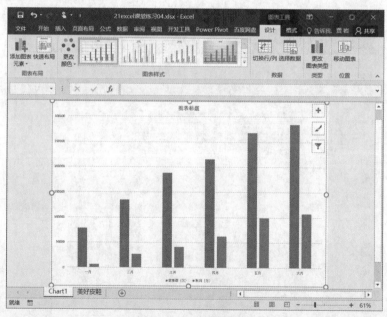

图 3-112 工作表图表

（2）删除图表

选定目标嵌入式图表，按【Delete】键即可。如果是工作表图表，删除工作表即可。

3. 主要常用图表类型

Excel 2016 提供了十几种标准类型的图表，每种类型又包含若干子类型，可以根据实际需要进行选取。

① 柱形图：Excel 默认图表类型，以长条图形显示数据点的值。用来显示一段时间内数据的

变化或各组数据之间的比较关系。通常 X 轴为分类，Y 轴为数值。

② 折线图：将一个系列以点表示并用直线连接，适用于显示一段时间数据的变化及其变化趋势。可以用多条折线表示多组数据。

③ 饼图：适用于一个数据系列中各个数据项的比较，通常表示构成比例的信息。

④ 条形图：可以看成水平柱形图，强调各数据项之间的差别。通常 Y 轴为分类，X 轴为数值。

⑤ 面积图：将每一系列数据用线段连接起来，并将线段以下的区域用不同颜色填充。强调幅度随时间的变化，通过现实所绘制数据的总和，说明部分和整体的关系。

⑥ XY 散点图：用于比较单个或多个数据系列的数值。可用线段将数据点连接起来，也可以只用数据点来说明数据的变化趋势、离散程度以及不同系列数据间的相关性。多用于科学数值的分析。

⑦ 股价图：通常用于描绘股票价格的走失。

⑧ 曲面图：在寻找两组数据之间的最佳组合时，可以使用曲面图。

⑨ 雷达图：用于显示数据系列相对于中心点的数值的变化。

⑩ 树状图：比较层次结构不同级别的值，以矩形显示层次结构级别中的比例。

⑪ 旭日图：比较层次结构不同级别的值，以环形显示层次结构级别中的比例。

⑫ 直方图：显示按储料箱划分的数据的分布。

⑬ 箱型图：显示一组数据中的变体。

⑭ 组合图：突出显示不同类型的信息。

微视频 ●
例 3-34

【例 3-34】在"CH3 例题数据.xlsx"工作簿中的美好皮鞋销售数据中，为上半年销售数据创建"销售分析图"（饼图），如图 3-113 所示。

图 3-113　销售分析图"（饼图）

操作步骤：

① 选定生成图表的数据区域 A3:G4（一至六月销售额），要包括行列标题，否则需要自己建

立数据标志。

② 单击"插入"｜"图表"｜"饼图"按钮，在下拉菜单中选取图表类型"二维饼图\饼图"，即在当前工作表创建了嵌入式图表，并在功能区出现"图表工具"选项卡。

③ 单击名称框，输入"销售分析图"，按【Enter】键，为此图表命名。

3.5.2 编辑图表

先选中图表，再进行编辑。

1. 更改图表类型

① 单击选中要改变类型的图表或数据系列。

② 单击"图表工具"｜"设计"｜"类型"｜"更改图表类型"按钮，或右击，在弹出的快捷菜单中选择"更改图表类型"命令，打开"更改图表类型"对话框。

③ 在打开的"更改图表类型"对话框中重新选择图表类型和子类型，单击"确定"按钮完成图表类型的更改。

●微视频

例 3-35

【例 3-35】在"CH3 例题数据.xlsx"工作簿中的美好皮鞋销售数据中，将【例 3-34】的销售分析图（饼图）改为簇状柱形图。

操作步骤：

① 选定图表"销售分析图"。

② 单击"图表工具"｜"设计"｜"类型"｜"更改图表类型"按钮（见图 3-114），打开"更改图表类型"对话框，如图 3-115 所示。

图 3-114 "更改图表类型"按钮

③ 在打开的"更改图表类型"对话框中，在"所有图表"中选择"柱形图"｜"簇状柱形图"，单击"确定"按钮完成更改。

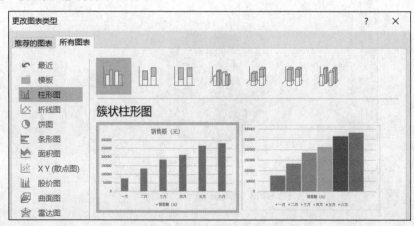

图 3-115 更改图表类型对话框

2．图表数据的增加/删除

（1）使用"选择数据源"对话框

① 单击选中目标图表。

② 单击"图表工具"｜"设计"｜"数据"选项卡｜"选择数据"按钮（见图 3-116），或右击，在弹出的快捷菜单中选择"选择数据"命令（见图 3-117），打开"选择数据源"对话框，如图 3-118 所示。

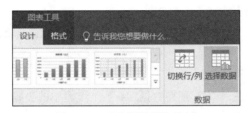

图 3-116　"选择数据"按钮

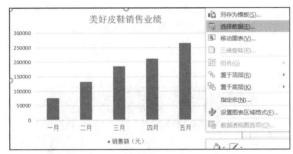

图 3-117　快捷菜单"选择数据"命令

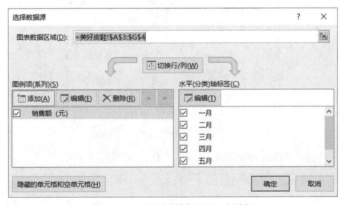

图 3-118　"选择数据源"对话框

③ 在打开的对话框中，在"图表数据区域"框处重新确认图表数据源或在"图例项（系列）"处单击"添加"按钮，打开"编辑数据系列"对话框（见图 3-119），选择或输入要添加的"系列名称"和"系列值"，单击"确定"按钮返回"选择数据源"对话框。

④ 单击"确定"按钮完成图表数据的更改。

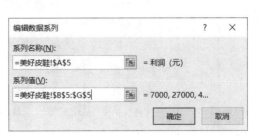

图 3-119　"编辑数据系列"对话框

（2）使用"复制""粘贴"向嵌入式图表添加数据

① 在工作表选中要添加的数据区域（尽量与已有的数据系列形状一致）如 A5:G5，执行"复制"操作。

② 选中目标图表，执行"粘贴"操作。

（3）删除数据

在图表上单击选中要删除的数据系列，然后按【Delete】键，或右击要删除的数据系列，在弹出的快捷菜单中选择"删除"命令，或缩小颜色标记范围，右击要删除的数据系列，在弹出的快捷菜单中选择"删除"命令。或使用"选择数据源"对话框，在"图例项（系列）"处选中目标系列，单击"删除"按钮。

3. 切换行列

【例 3-36】在"CH3 例题数据.xlsx"工作簿中的美好皮鞋销售数据中，使用"图表"工具栏按钮切换行列。

操作步骤：

① 单击选中要重新定义数据系列的图表"销售分析图"。

② 单击"图表工具"|"设计"|"数据"选项卡|"切换行/列"按钮，如图 3-120 所示。

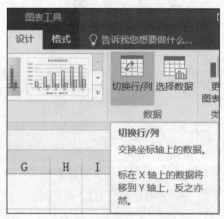

图 3-120 "切换行/列"按钮

图 3-121 所示左侧是系列在行的图表，右侧是系列在列的图表。

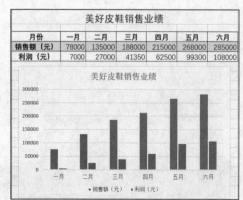
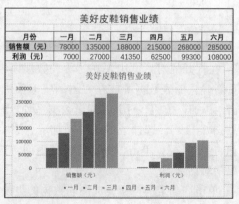

图 3-121 系列在行/列对比

4．设置图表位置和大小

（1）设置图表的位置

① 单击选中要移动的图表。

② 单击"图表工具"选项卡 |"设计"|"位置"|"移动图表"按钮，或右击，在弹出的快捷菜单中选择"移动图表"命令，打开"移动图表"对话框，如图 3-122 所示。

③ 在打开的对话框中，选择"新工作表"或在"对象位于"框中选择目标工作表。

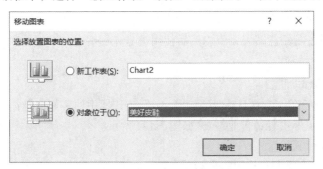

图 3-122　"移动图表"对话框

④ 单击"确定"按钮将图表移至指定工作表。

（2）设置图表的大小

选中图表，直接拖动控点改变大小。要设置精确大小，在"图表工具"|"格式"|"大小"组调整宽和高即可（见图 3-123），或者单击"大小"组右下角的对话框启动器按钮，在打开的"设置图表区格式"任务窗格（见图 3-124）中进行设置。

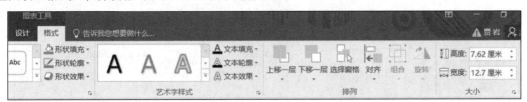

图 3-123　"图表工具"选项卡的"格式"

图 3-124　"设置图表区格式"任务窗格

3.5.3 设置图表的格式

1. 选择图表元素

修饰图表就是设置各个图表元素的格式。先选中相应的图表元素，再进行格式设置。

方法 1：单击目标图表元素即可。

方法 2：在"图表工具"|"格式"|"当前所选内容"组的"图表元素"下拉列表中选择目标元素，如图 3-125 所示。

方法 3：选中图表或任意图表元素，然后使用键盘光标键在各个图表元素之间进行切换。

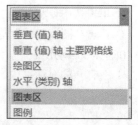

图 3-125 "图表元素"下拉列表

● 微视频

2. 设置标题

【例 3-37】在"CH3 例题数据.xlsx"工作簿中的美好皮鞋销售数据中，为图表设置标题"美好皮鞋销售业绩"，如图 3-127 所示。

操作步骤：

① 选中要设置标题的目标图表。

② 单击在"图表工具"|"设计"|"图表布局"|"添加图表元素"的"图表标题"，在菜单中选择图表标题位置"图表上方"，如图 3-126 所示。

例 3-37

③ 在添加的图表标题框中输入所需的文本"美好皮鞋销售业绩"，或在编辑栏输入"="，再单击含有标题的单元格 A1，按【Enter】键确定。

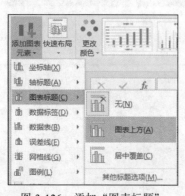

图 3-126 添加"图表标题"

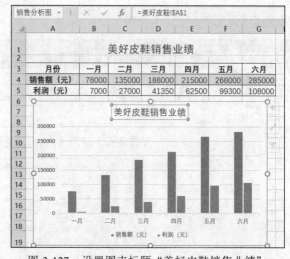

图 3-127 设置图表标题"美好皮鞋销售业绩"

● 微视频

④ 选中添加的图表标题，右击，在弹出的快捷菜单中选择"设置图表标题格式"命令，打开"设置图表标题格式"任务窗格按需设置。

3. 设置坐标轴和网格线格式

【例 3-38】在"CH3 例题数据.xlsx"工作簿中的美好皮鞋销售数据中，设置数值轴格式（最大值 400000，主要刻度 100000，次要刻度 50000），添加"划线-点"格式的次要网格线，如图 3-128 所示。

例 3-38

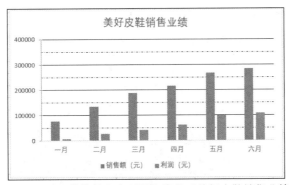

图 3-128　设置数值轴和次要网格线的"美好皮鞋销售业绩"

操作步骤:

① 选中目标图表的数值轴。

② 右击,在弹出的快捷菜单中选择"设置坐标轴格式"命令,打开"设置坐标轴格式"任务窗格,如图 3-129 所示。

③ 在"坐标轴选项"选项卡,定义"最大值"为 400000,"主要刻度单位"为 100000,"次要刻度单位"为 50000,定义"主要刻度线类型"为"外部","次要刻度线类型"为"内部"。

④ 右击数值轴,在弹出的快捷菜单中选择"添加次要网格线"命令,如图 3-130 所示。

图 3-129　"设置坐标轴格式"任务窗格

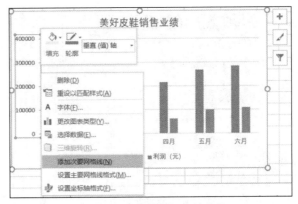

图 3-130　"数值轴"快捷菜单

⑤ 单击图表的次网格线,任务窗格切换到"设置次要网格线格式",如图 3-131 所示。

⑥ 在"填充与线条"选项卡,设置"短划线类型"为"划线–点",得到图 3-128 所示的图表。

4.设置数据系列格式

【例 3-39】在"CH3 例题数据.xlsx"工作簿中的美好皮鞋销售数据中,设置数据系列格式,调整重叠比例,分类间距,修改填充图案,添加数据标签,如图 3-132所示。

操作步骤:

① 在上例图表,右击"销售额

微视频●········

例 3-39

●·······

图 3-131　"设置次要网格线格式"任务窗格

（元）"数据系列，任务窗格切换至"设置数据系列格式"，如图 3-133 所示。

② 在"系列选项"选项卡，设置"系列重叠"为 100%，"分类间距"为 150%。

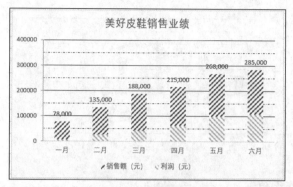

图 3-132　设置标签格式

③ 在"填充与线条"选项卡，单击"图案填充"单选按钮，选择"宽上对角线"，"蓝色"前景，单击利润数据系列，设置"橙色"前景，"宽下对角线"图案，如图 3-134 所示。

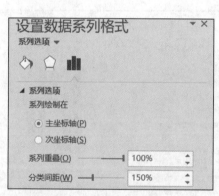

图 3-133　"设置数据系列格式"

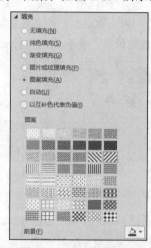

图 3-134　"图案填充"

④ 右击在"销售额"数据系列，在弹出的快捷菜单中选择"添加数据标签"|"添加数据标签"命令，如图 3-135 所示。

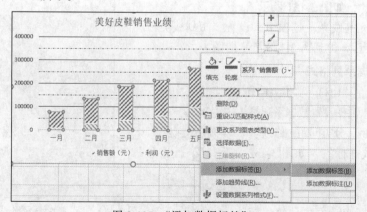

图 3-135　"添加数据标签"

⑤ 单击已经添加的数据标签，设置标签"数字"格式为整数，并使用千位分隔符，完成设置。

3.5.4　趋势线

趋势线是显示数据系列中数据变化的趋势或走向的图形曲线。可以给非堆积型的二维图表如柱形图、条形图、折线图、XY 散点图、面积图、气泡图添加趋势线。

【例 3-40】在"CH3 例题数据.xlsx"工作簿中的美好皮鞋销售数据中，为系列"利润（元）"添加趋势线，如图 3-136 所示。

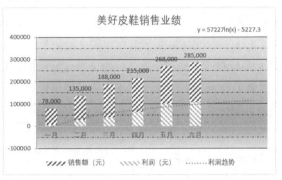

微视频

例 3-40

图 3-136　添加趋势线

操作步骤：

① 在上例图表，右击选中数据系列"利润（元）"。

② 在弹出的快捷菜单中选择"添加趋势线"命令，打开"设置趋势线格式"任务窗格，如图 3-137 所示。

图 3-137　"设置趋势线格式"任务窗格

③ 在"趋势线选项"选项卡，选择趋势分析类型为"对数"，"趋势线名称""自定义"为"利润趋势"，设置"趋势预测"前推 2 周期，且"显示公式"。

④ 将趋势线公式移动到绘图区上侧，完成趋势线的添加。

3.6 数据统计与分析

Excel 最重要的功能就是数据的处理和分析。

3.6.1 数据透视表

数据透视表是一种交互式报表,主要用于大量数据的快速分类汇总。数据透视表综合了排序、筛选、分类汇总等数据分析的优点,高效、灵活,是 Excel 最常用的数据分析工具之一。

1. 认识数据透视表

例如,使用数据透视表统计各销售人员不同品牌产品销售数量的总和,下面给出了四种格式:如图 3-138 所示,数据透视表 1 与数据透视表 2 顺序不同(按销售数量总和由高到低对销售人员进行排序);数据透视表 1(在行和列上都有分类,行列交叉点显示汇总数据)与数据透视表 3 布局不同(在行上进行多级分类汇总);如图 3-139 所示,数据透视表 3 与数据透视表 4 数据表现形式不同(各项数据占销售总量的百分比例)。

求和项:数量	列标签					
行标签	方太	老板	帅康	华帝	万家乐	总计
李明慧	33	75	38	59	1477	1682
刘麦麦		166	113	1924	37	2240
王子	1966	12	71	69	11	2129
张令国	115	1491	49	121	77	1853
朱莉	124	129	1523	132	60	1968
总计	2238	1873	1794	2305	1662	9872

(a)数据透视表 1

求和项:数量	列标签					
行标签	方太	老板	帅康	华帝	万家乐	总计
刘麦麦		166	113	1924	37	2240
王子	1966	12	71	69	11	2129
朱莉	124	129	1523	132	60	1968
张令国	115	1491	49	121	77	1853
李明慧	33	75	38	59	1477	1682
总计	2238	1873	1794	2305	1662	9872

(b)数据透视表 2

图 3-138 数据透视表 1 和数据透视表 2

销往区域	(全部)
行标签	求和项:数量
李明慧	1682
方太	33
老板	75
帅康	38
华帝	59
万家乐	1477
刘麦麦	2240
老板	166
帅康	113
华帝	1924
万家乐	37
王子	2129
方太	1966
老板	12
帅康	71
华帝	69
万家乐	11
张令国	1853
方太	115
老板	1491
帅康	49
华帝	121
万家乐	77
朱莉	1968
方太	124
老板	129
帅康	1523
华帝	132
万家乐	60
总计	9872

(a)数据透视表 3

销往区域	(全部)
行标签	求和项:数量
李明慧	17.04%
方太	0.33%
老板	0.76%
帅康	0.38%
华帝	0.60%
万家乐	14.96%
刘麦麦	22.69%
老板	1.68%
帅康	1.14%
华帝	19.49%
万家乐	0.37%
王子	21.57%
方太	19.91%
老板	0.12%
帅康	0.72%
华帝	0.70%
万家乐	0.11%
张令国	18.77%
方太	1.16%
老板	15.10%
帅康	0.50%
华帝	1.23%
万家乐	0.78%
朱莉	19.94%
方太	1.26%
老板	1.31%
帅康	15.43%
华帝	1.34%
万家乐	0.61%
总计	100.00%

(b)数据透视表 4

图 3-139 数据透视表 3 和数据透视表 4

无论上面各个透视表在统计方式、布局、顺序、数据表现形式上有何不同，都遵循着相同的布局原则。

① 筛选器：数据透视表中进行分页的字段，用于对整个数据透视表进行筛选（图 3-138 的数据透视表 1 中左上角的"销往区域"），默认显示全部项目，也可以根据需要一次只显示一个或多个项目的统计数据，如图 3-140 所示显示销往"东北"地区的统计数据。

② 行：在数据透视表中作为行标签的字段（如"销售人员"）。每个不同的项目占一行。

③ 列：在数据透视表中作为列标签的字段（如"品牌"）。每个不同的项目占一列。

④ 值：在数据透视表中进行汇总的项，（如"数量"，汇总方式为"求和"）。

⑤ 数据区域：含有汇总数据的数据展示部分，这些数据是行和列项目的交叉统计值。

如图 3-141 所示，在"数据透视表字段"任务窗格将分类依据的字段，拖入"行"或"列"区域，成为数据透视表的行或列标题。将要分页显示的字段拖入"筛选器"区域，作为分页显示的依据。将要汇总的字段拖入"值"区域。

销往区域	东北					
求和项:数量	列标签					
行标签	方太	老板	帅康	华帝	万家乐	总计
李明慧	20			20	1416	1456
刘麦麦				86	25	111
王子	37	12		14		63
朱莉			19	39		58
张令国		29			10	39
总计	57	41	19	159	1451	1727

图 3-140　实现筛选的数据透视表　　图 3-141　"数据透视表字段"任务窗格

2. 创建数据透视表

【例 3-41】在"CH3 例题数据.xlsx"工作簿中的销售日志数据中，统计销往不同地区（筛选器）的各销售人员（行）不同品牌（列）的销售数量总和（结果如图 3-138（b）所示的数据透视表 2）。

微视频

例 3-41

操作步骤：

① 单击销售日志中数据清单的任一单元格。

② 单击"插入"|"表格"|"数据透视表"按钮，如图 3-142 所示，打开"创建数据透视表"对话框，如图 3-143 所示。

③ 选择要分析的数据，可以是外部数据源，也可以输入或选定，默认为整个数据清单。

④ 确定"选择放置数据透视表的位置"，可以是"现有工作表"的指定位置，默认为"新工作表"。

⑤ 单击"确定"按钮，产生空的数据透视表框架，显示"数据透视表字段"任务窗格，功能区出现"数据透视表工具"选项卡，如图 3-144 所示。

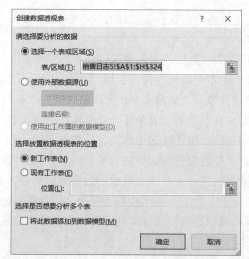

图 3-143 "创建数据透视表"对话框

图 3-142 "数据透视表"按钮

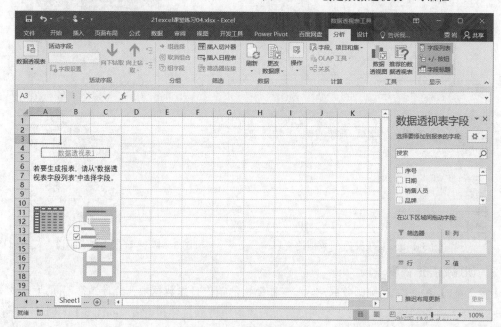

图 3-144 创建数据透视表

⑥ 在"数据透视表字段"任务窗格，将字段列表中的"销往地区"字段拖至"筛选器"编辑框，将"销售人员"字段拖至"行"编辑框，将"品牌"字段拖至"列"编辑框，将"数量"字段拖至"值"编辑框，默认对数值型字段"求和"，非数值型字段"计数"（结果如图 3-138（a）所示的数据透视表 1）。

⑦ 打开"排序（销售人员）"对话框，两种方法如下。

方法 1：在字段列表中单击排序字段"销售人员"的菜单按钮（字段名称右侧黑色箭头），在菜单中选择"其他排序选项"命令，如图 3-145 所示。

方法 2：右击数据透视表中排序字段"销售人员"的任意单元格，在弹出的快捷菜单中选择"排序" | "其他排序选项"命令，如图 3-146 所示。

⑧ 在"排序（销售人员）"对话框进行如下设置：排序选项为"降序排序依据"，再次选项下拉列表中选择"求和项：数量"（即按照销售数量总和降序对销售人员进行排名），如图 3-147 所示。

图 3-145　字段列表的快捷菜单

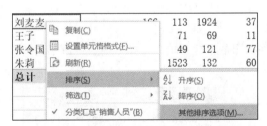

图 3-146　数据表中具体数据的快捷菜单

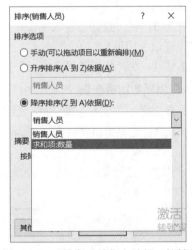

图 3-147　"排序（销售人员）"对话框

⑨ 单击"确定"按钮完成数据透视表的创建，结果如图 3-138 所示的数据透视表 2。

3．删除/添加字段

数据透视表创建之后，可以根据需要添加或删除字段，只需利用"数据透视表字段"任务窗格，操作十分便捷。"数据透视表字段"任务窗格的上半部为数据源字段列表（提供可用字段），下半部为布局编辑框（设置报表布局）。如果未显示此任务窗格，可以单击"数据透视表工具"|"分析"|"显示/隐藏"|"字段列表"按钮，或者右击数据透视表的任意单元格，在弹出的快捷菜单中选择"显示字段列表"命令。

（1）添加字段

方法 1：在"数据透视表字段"任务窗格，单击要添加的字段名称，按下左键将其从"字段列表"中拖到下面的目标编辑框即可。

方法 2：在"数据透视表字段"任务窗格，右击要添加的字段名称，在弹出的快捷菜单中选择相应命令即可，如图 3-148 所示。

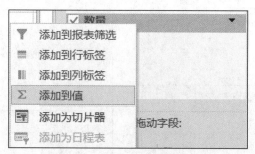

图 3-148 添加字段快捷菜单

方法 3：在"数据透视表字段"任务窗格，直接勾选目标字段的复选框，默认数值型字段以"求和"统计方式添加到"值"编辑框，非数值型字段添加到"行"编辑框，作为行标签。

（2）删除字段

方法 1：在"数据透视表字段"任务窗格，将要删除的字段名称，从编辑框中拖出即可。

方法 2：在"数据透视表字段"任务窗格，单击编辑框中要删除的字段名称，在弹出的菜单中选择"删除字段"命令即可。

方法 3：在"数据透视表字段"任务窗格，右击透视表中要删除的字段，在弹出快捷菜单中选择相应命令即可。

方法 4：在"数据透视表字段"任务窗格，在字段列表中直接单击取消目标字段的勾选。

4．刷新数据透视表

当数据源的数据发生变化时，数据透视表不会自动更新。

方法 1：需要单击"数据透视表工具"|"分析"|"数据"选项卡|"刷新"按钮，如图 3-149 所示。

方法 2：右击数据透视表任意单元格，在弹出的快捷菜单中选择"刷新"命令，如图 3-150 所示。

图 3-149 数据"刷新"按钮

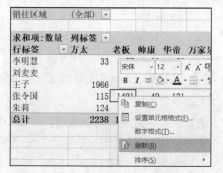

图 3-150 快捷菜单数据"刷新"项

3.6.2 编辑数据透视表

数据透视表是一种交互式报表，主要用于大量数据的快速分类汇总。数据透视表综合了排序、筛选、分类汇总等数据分析的优点，高效、灵活，是 Excel 最常用的数据分析工具之一。

1．数据筛选

在数据透视表中，页字段、行字段和列字段都有手动筛选按钮，在下拉列表选择相应命令，进一步设置筛选条件（方法同之前的自动筛选设置），以显示不同的数据。

【例 3-42】在"CH3 例题数据.xlsx"工作簿中的销售日志工作表，将【例 3-41】的数据透视表，筛选销往东北数量高于 100 台的品牌数据，如图 3-151 所示。

销往区域	东北		
求和项:数量	列标签		
行标签	华帝	万家乐	总计
李明慧	20	1416	1436
刘麦麦	86	25	111
朱莉	39		39
王子	14		14
张令国		10	10
总计	159	1451	1610

微视频 ●

例 3-42

图 3-151　销往东北高于 100 台的品牌数据

操作步骤：

① 单击筛选器"销往区域"手动筛选按钮，在下拉列表中选择"东北"，"确定"完成筛选。

销往区域	东北					
求和项:数量	列标签					
行标签	方太	老板	帅康	华帝	万家乐	总计
李明慧	20			20	1416	1456
刘麦麦				86	25	111
王子	37	12		14		63
朱莉			19	39		58
张令国		29			10	39
总计	57	41	19	159	1451	1727

图 3-152　设置筛选销往东北地区

② 在列标签手动筛选下拉列表中选择"值筛选"|"大于"命令（见图 3-153），打开"值筛选"对话框。

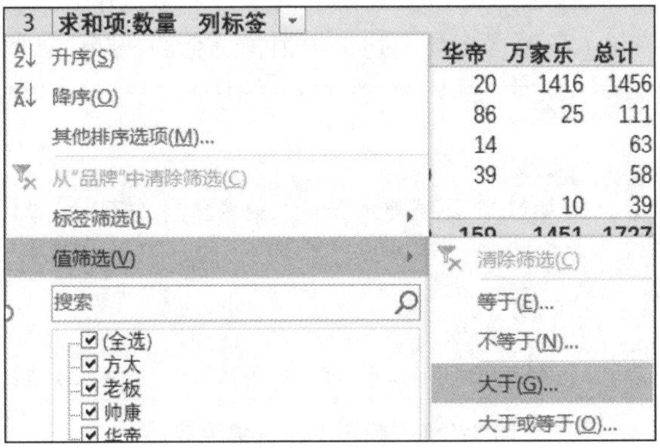

3	求和项:数量　列标签		华帝	万家乐	总计
↓ 升序(S)			20	1416	1456
↓ 降序(O)			86	25	111
其他排序选项(M)…			14		63
▽ 从"品牌"中清除筛选(C)			39		58
标签筛选(L)	▶			10	39
值筛选(V)	▶	▽ 清除筛选(C)	159	1451	1727
搜索	🔍	等于(E)…			
		不等于(N)…			
☑(全选)					
☑方太		大于(G)…			
☑老板					
☑帅康		大于或等于(O)…			
☑华帝					

图 3-153　快捷菜单"值筛选"

③ 在打开的"值筛选"对话框中设置，如图 3-154 所示。

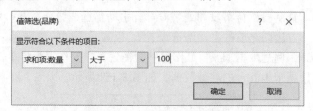

图 3-154　"值筛选"对话框

④ 单击"确定"按钮，显示结果如图 3-151 所示。

2. 设置数据透视表分类汇总和总计的显示位置

（1）设置数据透视表分类汇总数据显示的位置

创建数据透视表后可以根据需要设置汇总数据显示的位置。单击"数据透视表工具"|"设计"|"布局"|"分类汇总"按钮，在菜单中选择相应命令即可，如图 3-155 所示。

（2）设置数据透视表总计的显示位置

创建数据透视表后可以根据需要设置总计的位置。单击"数据透视表工具"|"设计"|"布局"|"总计"按钮，在菜单中选择相应命令即可，如图 3-156 所示。

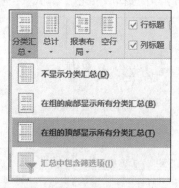

图 3-155　数据透视表的"分类汇总"设置

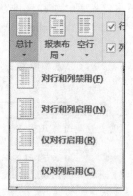

图 3-156　数据透视表的"总计"设置

3. 日期项数据的组合操作

【例 3-43】在"CH3 例题数据.xlsx"工作簿中的销售日志工作表，创建数据透视表统计各品牌（筛选器）每个季度（行）各销售人员（列）的销售总金额，结果如图 3-157 所示。

微视频

例 3-43

品牌	老板					
求和项:金额	列标签					
行标签	李明慧	刘麦麦	王子	张令国	朱莉	总计
第一季	146200	697200	44400	774900	606300	2269000
第二季				2085300		2085300
第三季	201600			3036600		3238200
第四季				3496500		3496500
总计	347800	697200	44400	9393300	606300	11089000

图 3-157　按季度组合销售数据

操作步骤：

① 在销售日志工作表，单击目标数据清单的任一单元格。

② 单击"插入"|"表"|"数据透视表"按钮，打开"创建数据透视表"对话框，设置数据区域和透视表位置。

③ 单击"确定"按钮，关闭"创建数据透视表"对话框，在"数据透视表字段"任务窗格，设置图 3-158 所示布局。

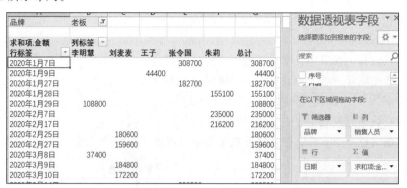

图 3-158　季度销售数据透视表布局设置

④ 单击数据透视表行的任意日期项，以下方法都可以打开"组合"对话框。

方法 1：单击"数据透视表工具"|"分析"|"分组"|"组选择"按钮，如图 3-159 所示。

图 3-159　"组选择"按钮

方法 2：右击数据透视表的任意日期项，在弹出的快捷菜单中选择"创建组"命令，如图 3-160 所示。

⑤ 在打开的"组合"对话框中设置起止日期（默认为数据透视表中的最小值和最大值），"步长"为"季度"，如图 3-161 所示。

图 3-160　快捷菜单中的"创建组"

图 3-161　"组合"对话框

⑥ 单击"确定"按钮，完成日期数据组合。

4．改变计算函数

数据区域的汇总对象如果是数值型字段，默认为求和统计，如果是非数值型字段，默认为计数统计。可以在"值字段设置"对话框中根据需要重新设置。以下几种方法可以打开"值字段设置"对话框。

方法 1：在数据透视表字段列表的"值"编辑框中，单击目标字段的菜单按钮，在菜单中选择"值字段设置"命令，如图 3-162所示。

方法 2：在数据透视表中，单击要进行设置的字段名，或其在数据区域对应数据的任一单元格，再单击"数据透视表工具"|"选项"|"活动字段"|"字段设置"按钮，如图 3-163 所示。

图 3-162　字段列表菜单中的"值字段设置"

方法 3：在数据透视表中，右击要进行设置的字段名或其在数据区域对应数据的任一单元格，在弹出的快捷菜单中选择"值字段设置"命令，如图 3-164 所示。

图 3-163　"字段设置"按钮

图 3-164　透视表中字段的快捷菜单

【例 3-44】在"CH3 例题数据.xlsx"工作簿中的销售日志工作表，将【例 3-43】的数据透视表中默认的"求和项：金额"自主命名为"销售总金额"，结果如图 3-165 所示。

● 微视频

例 3-44

品牌	老板					
销售总金额	列标签					
行标签	李明慧	刘麦麦	王子	张令国	朱莉	总计
第一季	146200	697200	44400	774900	606300	2269000
第二季				2085300		2085300
第三季	201600			3036600		3238200
第四季				3496500		3496500
总计	347800	697200	44400	9393300	606300	11089000

图 3-165　命名"销售总金额"

操作步骤：

① 在数据透视表字段列表的"值"编辑框中，单击"求和项：金额"的菜单按钮，在菜单中选择"值字段设置"命令，打开"值字段设置"对话框。

② 在打开的"值字段设置"对话框，设置"自定义名称"为"销售总金额"，如图 3-166所示。

图 3-166　"值字段设置"对话框

③ 单击"确定"按钮完成统计值的自主命名。

【例 3-45】在"CH3 例题数据.xlsx"工作簿中的销售日志工作表，将【例 3-44】中的数据透视表，改为图 3-167 所示的样式，统计每个季度销售总金额中各位销售人员所占百分比。

品牌	老板					
销售总金额	列标签					
行标签	李明慧	刘麦麦	王子	张令国	朱莉	总计
第一季	6.44%	30.73%	1.96%	34.15%	26.72%	100.00%
第二季	0.00%	0.00%	0.00%	100.00%	0.00%	100.00%
第三季	6.23%	0.00%	0.00%	93.77%	0.00%	100.00%
第四季	0.00%	0.00%	0.00%	100.00%	0.00%	100.00%
总计	3.14%	6.29%	0.40%	84.71%	5.47%	100.00%

图 3-167　汇总值显示方式设为销售占比

微视频 ●

例 3-45

操作步骤：

① 打开销售总金额的"值字段设置"对话框。

② 选择"值显示方式"选项卡，设置"值显示方式"为"行汇总的百分比"，如图 3-168 所示。

图 3-168　"值显示方式"选项卡

③ 单击"确定"按钮完成修改，结果如图 3-167 所示。

5. 更改数据透视表样式与布局

（1）设置数据透视表样式

数据透视表有多种样式可供选择。单击数据透视表的任意单元格，再单击"数据透视表工具"｜"设计"｜"数据透视表样式"组，在样式列表中选择目标样式即可，如图 3-169 所示。还可以在"数据透视表工具"｜"设计"｜"数据透视表样式选项"组添加或取消"行标题""镶边列"等样式选项。

图 3-169　"数据透视表样式"工具

（2）更改数据透视表总计布局

数据透视表提供"以压缩形式显示""以大纲形式显示""以表格形式显示"三种布局，默认"以压缩形式显示"。单击"数据透视表工具"｜"设计"｜"布局"｜"报表布局"按钮在菜单中选择相应命令即可，如图 3-170 所示。

还可以在每个项目之后插入或删除空行。单击"数据透视表工具"｜"设计"｜"布局"｜"空行"按钮在菜单中选择相应命令即可，如图 3-171 所示。

图 3-170　"报表布局"

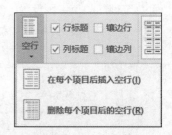

图 3-171　"空行"按钮

6. 删除数据透视表

① 单击数据透视表的任一单元格。

② 单击"数据透视表工具"｜"分析"｜"操作"｜"选择"按钮，在菜单中选择"整个数据透视表"命令，选定整个数据透视表，如图 3-172 所示。

③ 单击"数据透视表工具"｜"分析"｜"操作"｜"清除"按钮，在菜单中选取"全部清除"命令，如图 3-173 所示，清除了透视表的全部数据，但保留框架。要删除框架，按【Delete】键即可。

图 3-172　选择"整个数据透视表"　　　　图 3-173　"全部清除"数据透视表

3.6.3　数据透视图

数据透视图是以图表的形式表示的数据透视表，其与数据透视表自动保持一致，透视表中的数据更改后，透视图自动更改。

1．创建数据透视图

可以通过数据源直接创建数据透视图，方法与创建数据透视表类似，也可以通过已经创建的数据透视表来创建数据透视图。

（1）通过数据源直接创建数据透视图

【例 3-46】在"CH3 例题数据.xlsx"工作簿中的销售日志工作表，创建数据透视图统计销往不同地区（筛选器）的各销售人员（轴（类别））不同品牌产品（图例（系列））的销售数量总和，结果如图 3-174 所示。

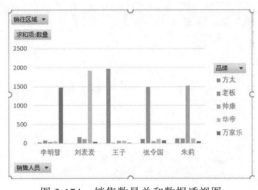

微视频●
例 3-46

图 3-174　销售数量总和数据透视图

操作步骤：

① 单击数据清单的任一单元格。

② 单击"插入"｜"图表"｜"数据透视图"按钮（见图 3-175），打开"创建数据透视图"对话框，如图 3-176 所示。

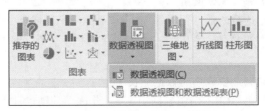

图 3-175　"数据透视图"按钮

图 3-176 "创建数据透视图"对话框

③ 在打开的对话框，选择要分析的数据，可以是外部数据源，如果是一个表或区域，可以输入或选定，默认为整个数据清单。

④ 确定"选择放置数据透视图的位置"，可以是"新工作表"，也可以是"现有工作表"的指定位置，如图 3-176 所示。

⑤ 单击"确定"按钮，产生空的数据透视表和数据透视图框架，显示"数据透视图字段"任务窗格，功能区出现"数据透视图工具"选项卡，如图 3-177 所示。

图 3-177 数据透视图窗口

⑥ 在"数据透视图字段"任务窗格，将字段列表的"销售人员"字段拖至"轴（类别）"编辑框，对应数据透视表的"行标签"，将"品牌"字段拖至"图例（系列）"编辑框，对应数据透视表的"列标签"，将"数量"字段拖至"值"编辑框，默认对数值型字段"求和"。

（2）通过数据透视表创建数据透视图

【例 3-47】在"CH3 例题数据.xlsx"工作簿中的销售日志工作表，为下面的数据透视表创建"堆积柱形图"数据透视图。

●微视频

例 3-47

操作步骤：

① 单击图 3-178 所示的目标数据透视表任一单元格。

② 单击"数据透视表-分析"|"工具"|"数据透视图"按钮（见图 3-179），打开"插入图表"对话框。

销往区域	(全部)					
求和项:数量	列标签					
行标签	方太	老板	帅康	华帝	万家乐	总计
李明慧	33	75	38	59	1477	1682
刘麦麦		166	113	1924	37	2240
王子	1966	12	71	69	11	2129
张令国	115	1491	49	121	77	1853
朱莉	124	129	1523	132	60	1968
总计	2238	1873	1794	2305	1662	9872

图 3-178　销售数量数据透视表

图 3-179　"数据透视图"按钮

③ 在打开的对话框中，选择图表类型为"柱形图"|"堆积柱形图"，如图 3-180 所示。

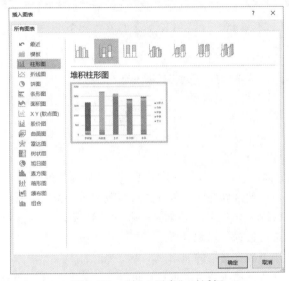

图 3-180　"插入图表"对话框

④ 单击"确定"按钮，关闭对话框，插入图 3-181 所示的数据透视图。

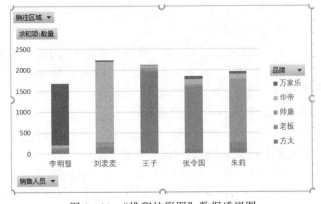

图 3-181　"堆积柱形图"数据透视图

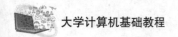

2．编辑数据透视图

数据透视图与普通图表类似，用户可以根据需要更改图表类型、更改图表布局，应用图表样式，设置具体的图表选项，如图例、标题、数据标签、网格线等。

打开"更改图表类型"对话框更改图表类型：单击"数据透视图工具"｜"设计"｜"类型"｜"更改图表类型"按钮，如图 3-182 所示。

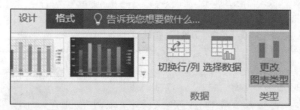

图 3-182　数据透视图的"更改图表类型"按钮

还可以使用"数据透视图工具"｜"设计"｜"图表样式"组更改图表格式，如图 3-183 所示。

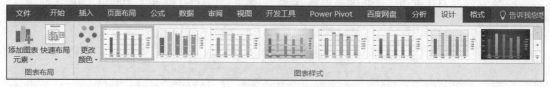

图 3-183　数据透视图的"图表样式"

小　　结

本章主要讲述了以下内容：

① Excel 2016 工作界面的组成，重要的是对工作区和单元格的认识。

② 各种类型的数据，快速准确地输入数据并且对其编辑和格式设置。

③ 对数据进行基本管理，如有序化（排序）、检索（筛选）、统计（分类汇总）。

④ 使用函数和公式进行数据计算和分析。

⑤ 创建并编辑图表用于数据结果的展示。

⑥ 使用数据透视表和数据透视图对数据进行更灵活、复杂的统计和分析。

习　　题

1．Excel 基本操作，题目要求如下：

（1）新建名为"学号+班级+姓名 01.xlsx"的工作簿，按要求完成图 3-184。

① 在工作簿中添加"员工薪水"工作表，在准确位置输入图 3-184 所示内容。

② 序号，填写文本数字；转正，填写逻辑值。

③ 薪水，用公式计算（薪水=工作量*单位报酬）。

④ 性别、转正、部门各列要求只能填写相应序列内容，并提供下拉箭头（数据验证）。

⑤ 设置图 3-184 所示的边框、底纹，自动调整列宽。

⑥ 标题为隶书 20 号字，A1~A11 单元格合并及居中；副标题倾斜字体，A2~T2 单元格合并及居中；日期、数值、货币类型数据右对齐；其他类型数据水平居中。

某财务软件北京分公司

员工薪水表

序号	姓名	性别	转正	部门	分公司	工作时间	工作量	单位报酬	薪水
001	段楠	女	TRUE	软件部	北京	1993年7月12日	117	350	¥40,950
002	陈勇强	男	TRUE	销售部	北京	1999年2月1日	131	320	¥41,920
003	郑丽	女	TRUE	软件部	北京	2010年5月12日	92	300	¥27,600
004	明章静	女	TRUE	软件部	北京	2016年7月21日	106	330	¥34,980
005	吕为	男	TRUE	培训部	北京	1995年4月8日	109	300	¥32,700
006	杨明明	男	TRUE	销售部	北京	2002年11月15日	127	200	¥25,400
007	刘鹏飞	男	TRUE	销售部	北京	2018年8月17日	143	200	¥28,600
008	李媛媛	女	TRUE	软件部	北京	2016年8月23日	120	290	¥34,800
009	石垒	男	FALSE	软件部	北京	2021年8月13日	161	180	¥28,980
010	郑莉	女	TRUE	软件部	北京	2007年11月25日	96	300	¥28,800

图 3-184　题（1）结果

（2）添加工作表“喵喵数据”，在其中准确位置输入图 3-185 所示内容。

喵喵双十一销售额（亿元）

年份	2009	2010	2011	2012	2013	2014	2015	2016	2017
销售额（亿元）	0.5	9.36	52	191	350.19	571	912.17	1207	1682
同比增长		1772.00%	455.56%	267.31%	83.35%	63.05%	59.75%	32.32%	39.35%

图 3-185　题（2）结果

① 其中同比增长，用公式计算，结果保留两位小数。

② 标题为幼圆 14 号加粗，A1～J1 单元格合并居中；数值右对齐，其他类型数据水平居中。

③ 其他格式如图 3-185 所示，套用表样式中等深浅 9，设置标题行、第一列、镶边列（效果参考图 3-185）。

2. 在工作簿“Excel 作业 2.xlsx”中完成以下数据的基本管理与统计：

（1）将“员工薪水”工作表复制多份，并将复制的工作表依次分别命名为“员工 1”等，在复制的各工作表完成相应题号的操作：

① 将序号中的前导零删除，再按序号降序排序。

② 按工作时间升序排序。

③ 按部门降序，部门相同再按单位报酬降序。

④ 将 2000 年以前工作的员工信息设为黄色底纹。

⑤ 筛选工作量最大的 20%。

⑥ 筛选工作时间最早的 3 个职工。

⑦ 筛选软件部薪水高于 30 000 元的职工。

⑧ 筛选出培训部和销售部两个部门的 2000 年以前参加工作的员工信息。

（2）将工作表 Sheet2 复制，副本命名为“统计表”，并进行如下统计：

① 按平均分降序，平均分相同按体育成绩降序。

② 填写达标列，体育成绩 75 以上（含 75 分）为“达标”否则为“未达标”。

③ 各单科成绩应用条件格式（不及格成绩为红色加粗，90 以上（含 90）为蓝色加粗倾斜）。

④ 筛选有 3 门以上（含 3 门）不及格成绩的学生信息（将筛选结果复制到单元格 A60）。

*⑤ （思考题）尽可能使用多种方法统计平均分各分数段的人数。

（3）将工作表 Sheet3 更名为"成绩单"，在成绩单中如下操作：

① 用公式填写总分、等级(>=340，为"优"；(340,280]，为"良"；(280,240]，为"中"；<240，为"差")。

② 用分类汇总统计各地区各等级的学生人数。

3. 在工作簿"Excel 作业 3.xlsx"中完成以下常用函数的应用：

（1）在"成绩统计表"相应单元格区域进行如下统计：

① 使用自动求和计算总分。

② 使用自动计算平均分、最好成绩。

③ 使用公式填写体育达标情况（逻辑值），70 分以上（含 70）为 TRUE，否则 FALSE。

④ 使用公式填写总分等级，（ >=340 为"优秀"；（340,280]为"良好"；（280,240]为"中等"；<240 为"不合格"）。

⑤ 使用公式填写排名，按总分降序。

⑥ 用公式计算单科不及格人数、优秀人数。

⑦ 用公式计算单科（85,60]区间人数和优秀率。

（2）在"销售日志"工作表中统计如下（填写在相应题目右侧单元格）：

① 统计方太品牌的销售金额总和。

② 统计华南地区张令国的销售单数。

③ 统计老板品牌的金额在 20 万元以上销售单在数量总和。

④ 统计李明慧华东地区的销售数量平均值。

⑤ 统计第二季度万家乐的销售金额总和。

4. 在工作簿"Excel 作业 4.xlsx"中完成以下图表和数据透视表的应用：

（1）将工作表 Sheet1 复制，副本命名为"水果营养成分"：

① 插入第 8 行，内容如图 3-186 所示，公式为"其他成分=100-水分-蛋白质-脂肪-碳水化合物"。

② 如图 3-186 所示格式化表格，标题合并居中，隶书，18 号字，添加双线外边框、单内线，设置最适合列宽。

③ 在当前工作表适当位置插入图 3-186 所示的饼图（样式 9），命名为"苹果图表"(分别设置数据点颜色、数据标签、图表标题、图例等)。

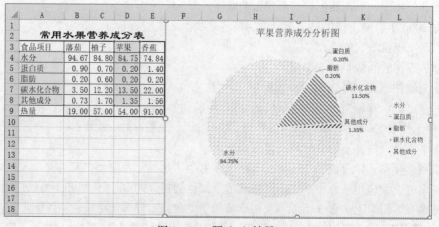

图 3-186　题（1）结果

（2）在 Sheet2 工作表中统计完成如下操作：

① 使用公式填写个人平均分，保留两位小数（用函数处理）。

② 使用公式填写等级（平均分>=85 为"优",(85,75],为"良",(75,60]为"中",<60 为"差"）。

③ 在新工作表创建图 3-187 的数据透视表，将工作表命名为"人数统计"。

④ 在新工作表创建图 3-188 所示的数据透视表，将工作表命名为"等级统计"（报表布局、等级排序）。

年级	1		
人数	列标签		
行标签	男	女	总计
北京	9	10	19
贵州	11	8	19
河北	6	4	10
河南	10	5	15
山东	5	11	16
山西	8	5	13
上海	9	6	15
四川	9	10	19
天津	5	5	10
西藏	6	3	9
云南	3	5	8
重庆	6	6	12
总计	87	78	165

图 3-187　人数统计

籍贯	(全部)					
等级人数		等级				
年级	班级	优	良	中	差	总计
1	1	1	1	21	4	27
	2	5	6	29	11	51
	3	4	16	19	5	44
	4	4	15	21	3	43
1 汇总		14	38	90	23	165
2	1	2	10	24	3	39
	2	3	10	23	4	40
	3	2	9	15	10	36
	4	2	8	23	7	40
2 汇总		9	37	85	24	155
3	1	2	11	23	7	43
	2	3	13	24	7	47
	3	3	7	20	6	36
	4	1	9	24	4	38
3 汇总		9	40	91	24	164
总计		32	115	266	71	484

图 3-188　等级统计

⑤ 在当前工作表$P$39 单元格插入如图 3-189 所示的数据透视表，将透视表命名为"班级平均成绩"，同年级各班按平均成绩升序排序。

⑥ 在新工作表为"班级平均成绩"生成图 3-190 所示的数据透视图（背景墙深度为 500 的圆柱图），各年级最高分班级设置数据点特殊填充色并添加数据标签。

图 3-189　班级平均成绩数据透视表

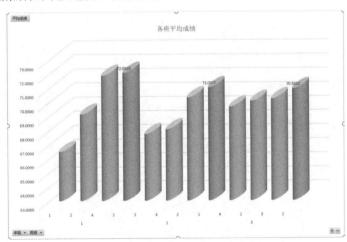

图 3-190　班级平均成绩数据透视图

5. 在工作簿 Excel 作业 5.xlsx 中完成以下函数的综合应用：

① 在将"价目表"中的价格填写到"年度销售"的 D 列单元格。

② 使用公式计算 E 列每单销售额。

③ 在 K2 单元格统计松木销售总额（SUMIF()函数）。

④ 在 K4 单元格统计第 3 季度销售总量（SUMIFS()函数）。

⑤ 在 H7 单元格设置下拉列表选择品名（只限于价目表中的产品）。

⑥ 在 I7 单元格统计 H7 单元格指定产品的销售总量。

⑦ 在 J7 单元格统计 H7 单元格指定产品的销售总额。

⑧ 在 H10 单元格设置下拉列表选择月份（限于 1～12 月）。

⑨ 在 I10 单元格统计 H10 单元格指定月份的销售总量。

⑩ 在 J10 单元格统计 H10 单元格指定月份的销售总额。

第4章
PowerPoint 2016
演示文稿制作

演示文稿制作已成为日常学习和工作中的重要内容。一份外表美观、展示要素灵活多样的演示文稿可以为公开展示起到增色作用。演示文稿展示效果与一个人的审美密切相关，本章讲述重点在于建立和丰富演示文稿的方法和技巧，并不过多涉及设计学方面内容。

掌握多种幻灯片建立方式可以帮助快速建立演示文稿。学会向演示文稿中添加文本、表格、图形元素、数据图表、多媒体等各种内容，可以使演示文稿内容丰富起来。使用切换和动画可以使得演示文稿灵动起来。使用母版可以帮助快速统一幻灯片风格。熟悉演示文稿的放映和输出也是必不可少的。

4.1 PowerPoint 概述

PowerPoint 简称 PPT，采用 Microsoft Office PowerPoint 2016 创建的演示文稿默认扩展名为.pptx。PowerPoint 被广泛应用于商业、教育和娱乐三大领域当中。使用 PPT 的目的是让你的观点更有力。

4.1.1 PPT 界面介绍

打开 PPT 之后就进入了演示文稿编辑页面（见图 4-1）。PPT 由一张或多张幻灯片组成。

① 左上角是"快速访问工具栏"，可以将经常使用的命令放置在此以便进行快速访问，中间是"标题栏"，右上角三个按钮是"功能区最小化""最大化""关闭"。

② 从上往下依次是"标题栏"和"功能区"，"功能区"分为"文件""开始""插入""绘图""设计""切换""动画""幻灯片放映""审阅""视图"等选项卡，每个选项卡下又有若干组，每个组内有若干命令。

③ 中间部分是 PPT 的主要区域，左侧是"大纲窗格"，包含此演示文稿里的所有幻灯片，右侧是"幻灯片窗格"，显示光标当前选中的那一张幻灯片，在"幻灯片窗格"下方是"备注窗格"，可以将与当前幻灯片相关的说明文字写在这里，并在演示时给予提示。

④ 下边依次是"状态栏""视图切换""幻灯片放映""显示比例""使幻灯片适应当前窗口"。其中，"状态栏"显示当前演示文稿共有多少张幻灯片及当前选中的是第几张幻灯片。默认情况下，是"普通视图"，此外还有"大纲视图""幻灯片浏览""备注页""阅读视图"。

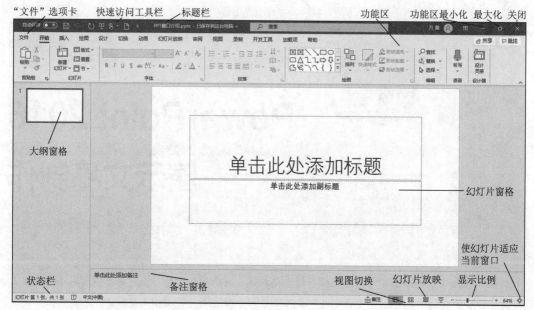

图 4-1　PPT "普通视图" 下的界面

4.1.2　PPT 制作的步骤

要创建一个演示文稿，首先要设计幻灯片页面种类及风格（可以利用母版），然后再创建幻灯片，大致包括如下几方面内容。

① 创建 PPT。

② 向 PPT 输入文本。

③ 向 PPT 插入表格。

④ 使用图形元素丰富 PPT。

⑤ 使用数据图表丰富 PPT。

⑥ 添加幻灯片切换效果。

⑦ 添加动画效果。

⑧ 放映及输出设置。

4.2　创建 PPT

4.2.1　建立演示文稿

建立演示文稿的常用方法有两种。

1. 建立空白演示文稿

方法 1：启动 PPT 后，在打开的窗口中选择 "空白演示文稿"。

方法 2：启动 PPT 后，选择 "文件" 选项卡，在导航栏中单击 "新建"，在弹出窗口中单击 "空白演示文稿"。

方法 3：将 "新建" 命令添加至 "快速访问启动栏" 中，再单击表示 "新建" 命令的图标。

如果想创建依据模板的演示文稿，只需在 "文件" 选项卡中单击 "新建" 后的弹出窗口里单击需要的模板，单击 "创建" 按钮，即可下载创建。

2．利用带有大纲的 Word 文档建立 PPT

经常需要根据 Word 文档内容创建 PPT。保证 Word 具有标题级别的大纲，就可以直接导入 PPT。PPT 会将具有标题级别的 Word 中的"1 级"文字设置为一页新幻灯片的"标题"，将"2 级"及以下文字设置为其"内容"，大纲级别用文字缩进来显示。

微视频 ●⋯⋯⋯

例 4-1

【例 4-1】使用"幻灯片(从大纲)"命令建立 PPT。利用"唐诗赏析文字.docx"文件，快速创建一个 PPT，保存为"唐诗赏析.pptx"。

操作步骤：

① 打开给定的"唐诗赏析文字.docx"文件，为其要导入 PPT 的文字设置大纲级别。可以看到，此文档已经具有大纲级别（见图 4-2）。

图 4-2　带有大纲级别的 Word 文档

② 打开 PPT，单击"开始"选项卡|"新建幻灯片"按钮，选择"幻灯片(从大纲)"命令（见图 4-3）。

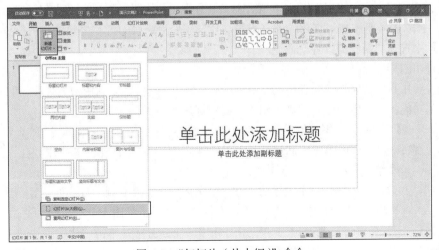

图 4-3　"幻灯片（从大纲）"命令

③ 在打开的"插入大纲"对话框中查找并选择"唐诗赏析文字.docx"文件，单击"插入"按钮。之后即可在 PPT 窗口中看到"唐诗赏析文字.docx"文件的大纲文字（见图 4-4），保存，命名为"唐诗赏析"。

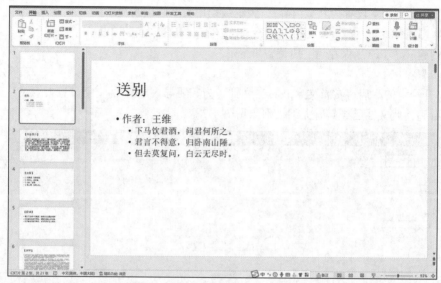

图 4-4　Word 大纲文字导入 PPT 后

4.2.2　增加删除移动幻灯片

1. 增加幻灯片

（1）新建空白幻灯片

新建一个空白幻灯片，需要先找到需要添加幻灯片的上一张幻灯片，然后采用下面任何一种方式，就可以创建一张与选中幻灯片同版式（"标题幻灯片"版式除外）的幻灯片。

方法 1：选中需要添加幻灯片的上一张幻灯片，直接按【Enter】键。

方法 2：单击需要添加幻灯片的上一张幻灯片与其后面一张幻灯片之间的空白位置，直接按【Enter】键。

方法 3：右击需要添加幻灯片的上一张幻灯片，在弹出的快捷菜单中选择"新建幻灯片"命令。

方法 4：右击需要添加幻灯片的上一张幻灯片与其后面一张幻灯片之间的空白位置，在弹出的快捷菜单中选择"新建幻灯片"命令。

（2）重用幻灯片

如果需要用到以前制作的文档中的幻灯片，或者要调用其他可以利用的幻灯片，可以通过"重用幻灯片"功能，快速复制已有幻灯片到当前的幻灯片中。

【例 4-2】使用"重用幻灯片"命令快速复制已有幻灯片到当前 PPT。将"唐诗赏析.pptx"中的第 1 张和第 2 张幻灯片导入【例 4-1】创建的 PPT 中。

操作步骤：

① 打开【例 4-1】创建的 PPT，使光标置于需要复制幻灯片的位置，选择"插入"选项卡|"新建幻灯片"|"重用幻灯片"命令（见图 4-5）。

② 在窗口右侧会出现"重用幻灯片"任务窗格，单击"浏览"按钮，在打开的"浏览"对话框中选择需要重用的"PPT 基础操作（例 2）.pptx"（见图 4-6）。

● 微视频

例 4-2

图 4-5　"重用幻灯片"命令　　　　　　　　　图 4-6　浏览选择已有 PPT

③ 依次单击需要重用的第 1 张和第 2 张幻灯片文件，使它出现在左侧的幻灯片列表中（见图 4-7 ）。

图 4-7　依次选定需要的已有幻灯片

2．删除幻灯片

在"普通视图"、"大纲视图"或"幻灯片浏览"视图下，选中需要删除的幻灯片，按【Delete】键或者右击并选择"删除幻灯片"命令。

3．移动幻灯片

在"普通视图"、"大纲视图"或"幻灯片浏览"视图下，选中需要移动的幻灯片，将其拖动到需要放置的位置。

4.3　向 PPT 中添加内容

4.3.1　文本的使用

在 PPT 中输入文本，需要首先有承接文本输入的"文本框"，在"插入"选项卡的"文本"

组下有"文本框""艺术字"等命令（见图 4-8）。

图 4-8　"插入"选项下的"文本"组命令

【例 4-3】练习 PPT 中"艺术字"的使用。

在"唐诗赏析.pptx"第 2 页加入一个"空白"版式的幻灯片，并使用"艺术字"（渐变填充：蓝色，主题 5；映像）输入"唐诗赏析"，设置字体为"华文行楷"、字号为 96、加粗，将其"艺术字样式"的"文本填充"修改为"绿色，个性色 6，深色 25%"。

操作步骤：

① 在第 1 张幻灯片之后单击，按【Enter】键或者右击并选择"新建幻灯片"命令。

② 右击新出现的第 2 张幻灯片，在弹出的快捷菜单中选择"版式"|"空白"命令（见图 4-9）。

微视频

例 4-3

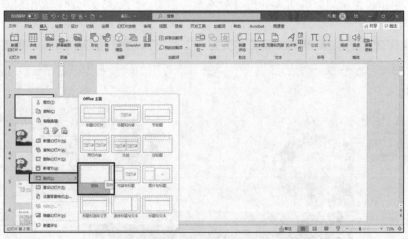

图 4-9　修改幻灯片为"空白"版式

③ 单击"插入"选项卡|"文本"组|"艺术字"命令中的"渐变填充：蓝色，主题 5；映像"，输入"唐诗赏析"，保持"唐诗赏析"所在的形状是选中状态，设置其"文本填充"（见图 4-10），其余按要求设置即可（见图 4-11）。

图 4-10　设置艺术字的"文本填充"

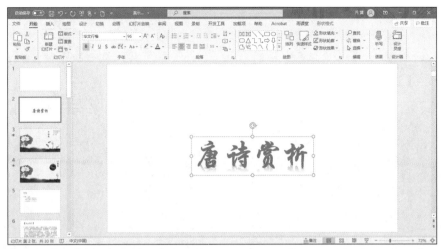

图 4-11　插入艺术字"唐诗赏析"效果

在 PPT 中输入文本后，有时会因为设置原因，出现字数过多时的文字缩排、中文字符在行首等情况，需要处理。

【例 4-4】调整 PPT 中"文本框"的"设置形状格式"属性。

微视频

例 4-4

在"唐诗赏析.pptx"中的第一个"【评析】:"幻灯片，设置文字大小不缩减、字数适当缩减、按中文习惯控制首尾字符。

操作步骤：

① 选中第一个"【评析】:"幻灯片，选中下方内容的文本框，会在功能区显示"形状格式"选项卡，单击其下方"形状样式"组右下角的对话框启动器按钮（见图 4-12），打开"设置形状格式"任务窗格。

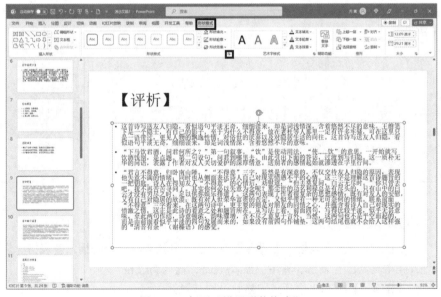

图 4-12　打开"设置形状格式"

② 选择"文本选项"下的"文本框"，查看相关属性，此时"溢出时缩排文字"是选中的状态（见图 4-13）。

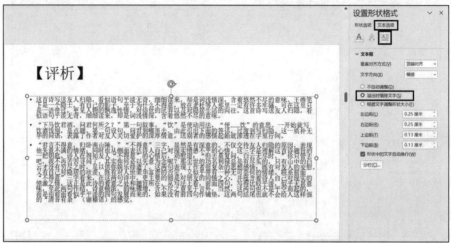

图 4-13　默认"溢出时缩排文字"命令选中的效果

③ 勾选"不自动调整",删减文本框中的文字内容。

④ 选中此文本框,单击"段落"右下角的对话框启动器按钮,打开"段落"对话框,在"中文版式"选项卡下,查看其"按中文习惯控制首尾字符"是否处于勾选状态,此处已勾选(见图 4-14),不用修改。

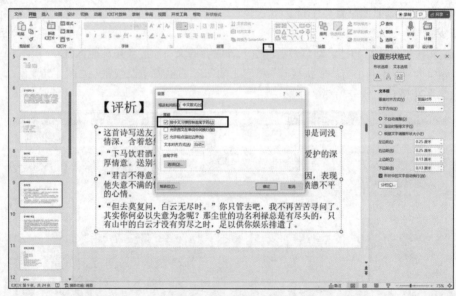

图 4-14　查看文本框的"段落"的"中文版式"设置

4.3.2　表格的使用

在 PPT 中插入表格,主要有三种方法:利用表格占位符插入新表格、从 Word 或 Excel 中复制已有表格、利用"插入/表格"插入新表格。

【例 4-5】向 PPT 中插入表格并设置其属性。

在"唐诗赏析"这张幻灯片,插入 4 行 3 列表格,修改表格样式为"中度样式 2 – 强调 6",设置列宽度依次为 2 厘米、3 厘米、3 厘米,去掉"镶边行"和"标题行",使"第一列"突出显示,水平距离左上角 25 厘米、垂直距离左上角 13.5 厘米的位置,表格内容为序号、题名和作者（见表 4-1）。并为各首诗的题名加入超链接，分别对应各首诗的第一个幻灯片页面。

表 4-1　表格内容

序　　号	题　　名	作　　者
1	送别	王维
2	游子吟	孟郊
3	望岳	杜甫

操作步骤：

① 选择"插入"选项卡|"表格"下拉列表|"插入表格"命令（见图 4-15），插入 3 行 4 列表格。

图 4-15　"插入表格"命令

② 选中表格，修改"表格样式"为"中度样式 2 – 强调 6"（见图 4-16）。

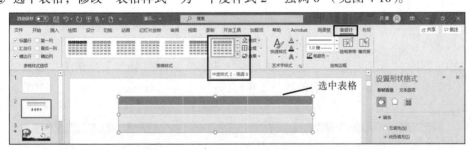

图 4-16　修改表格样式

③ 将光标依次放置在各列的某一个单元格中，再依次设置其对应"宽度"为 2 厘米、3 厘米、3 厘米（见图 4-17）。

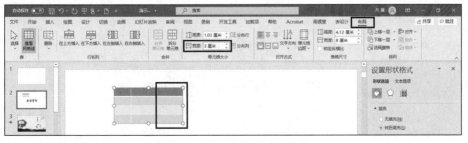

图 4-17　设置表格某列的宽度

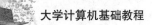

④ 输入表格内容。

⑤ 选中表格，设置"表设计"选项卡的"表格样式选项"，使"第一列"处于勾选状态、其余均不勾选（见图 4-18）。

图 4-18　设置"表格样式选项"

⑥ 选中表格，将"设置形状格式"的"形状选项"中的"位置"按要求设置（见图 4-19）。

图 4-19　设置表格的"位置"

⑦ 选中文字"送别"，选择"插入"选项卡|"链接"组|"链接"下拉列表|"插入链接"命令（见图 4-20），选择"本文档中的位置"及对应的"送别"幻灯片（见图 4-21），其他文字链接设置类似。

图 4-20　为文字插入链接

图 4-21　插入超链接到"本文档中的位置"

4.3.3　图形元素的使用

图形元素主要指图片、形状、SmartArt 图形。

1. 向 PPT 中插入图片

微视频●┈┈┈┈┈

例 4-6

【例 4-6】在"唐诗赏析.pptx"各首诗的第一页，分别加入对应图片，并将图片用"发光：8 磅；橙色，主题色 2"显示，使其处于水平距离左上角 20 厘米、垂直距离左上角 8 厘米的位置。

操作步骤：

① 选中要插入图片的幻灯片，单击"插入"选项卡|"图片"下拉列表|"此设备"命令，再选择需要的图片，单击"插入"按钮。

② 保持图片选中状态，会在功能区弹出"图片格式"选项卡，单击"图片样式"右下角的对话框启动器按钮打开"设置图片格式"，修改"效果"里的"发光"属性（见图 4-22）。

图 4-22　设置图片格式

③ 选中图片，按要求设置"设置形状格式"的"形状选项"中的"位置"。

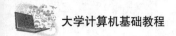

2. 向 PPT 中插入形状

【例 4-7】在"唐诗赏析.pptx"各首诗的最后一页，添加动作按钮，功能时跳转到第 2 张幻灯片（前面制作的带有表格跳转那页）。

操作步骤：

① 单击"插入"选项卡 | "形状"命令的最下方动作按钮的第一个（见图 4-23）。

● 微视频

例 4-7

图 4-23 添加动作按钮

② 设置其单击鼠标"超链接到"对应的"幻灯片…"下拉列表中的第 2 张幻灯片（前面制作的带有表格跳转那页）（见图 4-24），单击"确定"按钮。

图 4-24 设置动作按钮跳转到指定幻灯片

3. 向 PPT 中插入 SmartArt 图形

在 PPT 中，为了有效快速、轻松、有效地传达概念类信息，可以使用 SmartArt 图形来避免使用大段文字描述。概念类图表与在 Excel 部分学习的数据类图表并不相同，二者的比较如图 4-25 所示。

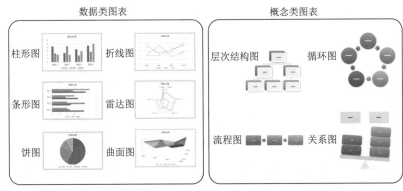

图 4-25　数据类图表与概念类图表的比较

【例 4-8】将下面文字的内容使用 SmartArt 图形进行表示。

该张幻灯片采用"标题和内容"版式,"标题"为"北京语言大学",SmartArt 样式采用"组织结构图",任选的彩色样式进行显示。北京语言大学目前有以下教学单位:汉语国际教育学部(含汉语学院、汉语进修学院、汉语速成学院、预科教育学院、华文学院、中华文化国际传播中心)、外国语学部(含英语学院、高级翻译学院、应用外语学院、东方语言文化学院、西方语言文化学院、中东学院、国别和区域研究院)、人文社会科学学部(含汉语教育学院、人文学院、国际关系学院、政治学院、新闻传播学院);信息科学学院(语言智能研究院)、商学院、马克思主义学院、心理学院、艺术学院、语言康复学院(语言病理与脑科学研究所)、语言学系。

微视频●┄┄┄┄
例 4-8

操作步骤:

① 打开 PPT,新建一页"标题和内容"版式幻灯片,在"标题"占位符里输入"北京语言大学"。

② 为方便快速输入,在 Word 中,第一行输入"教学单位",然后将给定的文字描述中的每个学部(院)都作为单独一行(见图 4-26)。

图 4-26　将每个学部(院)作为一行

③ 在此"标题和内容"版式幻灯片的内容区,单击表示 SmartArt 的图形。

④ 单击"层次结构"里的"组织结构图"（见图 4-27），单击"确定"按钮。

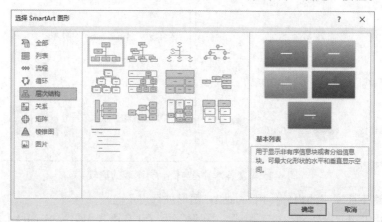

图 4-27　选择"层级结构里"的"组织结构图"

⑤ 选中生成的 Smart 组织结构图，用鼠标从上至下将其左侧的"在此处键入文字"窗口中已有的文字选中并删除。

⑥ 将之前在 Word 中准备好的文字复制到"在此处键入文字"中，此时级别都是同一级。

⑦ 在"在此处键入文字"中，根据文字描述，将"教学单位"作为第一层级，将三个学部名称和其他单独的学院名称作为第二层级，将学部下面的学院作为其对应的下一层级。以调整"汉语国际教育学部"层级为例，将光标放在"汉语国际教育学部"行按【Tab】键，即可完成其层级的向下调整，其他类似，调整好所有文字的层级（见图 4-28）。如果遇到级别需要升高时，可采用【Shift+Tab】快捷键。

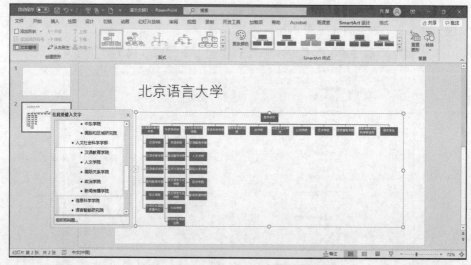

图 4-28　调整好级别的组织结构图

⑧ 保持 SmartArt 图形是选中状态，在弹出的"SmartArt 设计"选项卡中，选择"SmartArt 样式"组|"更改颜色"下拉列表|"彩色-橙色"命令，将其"SmartArt 样式"修改为"细微效果"，完成组织结构图的制作（见图 4-29）。

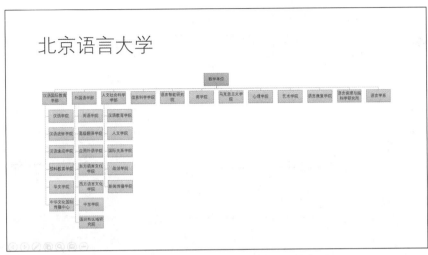

图 4-29　利用 SmartArt 图形制作组织结构图

4.3.4　数据图表的使用

好的图表胜过千言，合理运用表格和图表可以让演示文稿更加具有说服力。使用图表形式可以让幻灯片传递更加丰富的信息。

选中要添加图表的幻灯片，然后单击"插入"选项卡|"插图"组|"图表"命令（见图 4-30），在 PPT 中插入图表。由于图表的使用在 Excel 部分已经讲述，不再赘述。

图 4-30　插入图表

4.3.5　多媒体的使用

在 PPT 演示时，配合音频、视频等多媒体，会使得演示更具吸引性和说服力。使用多媒体的步骤如下：

① 选择需要插入 PPT 的多媒体素材的幻灯片。

② 插入多媒体。

③ 设置多媒体的效果。

【例 4-9】为幻灯片插入音频。针对"唐诗赏析.pptx"文件，为"送别"出现的所有相关幻灯片录制一个朗诵音频。

微视频●

例 4-9

操作步骤：

① 打开给定的 PPT 文件，单击"送别"出现的第一张幻灯片，选择"插入"选项卡|"媒体"组|"音频"下拉列表|"录制音频"命令，然后单击 ◉ 按钮开始朗诵（见图 4-31），完成后单击 ▢ 按钮停止录音，单击"确定"按钮，即可将录音音频插入。

② 选中插入的音频，会在功能区出现"音频格式"和"播放"两个选项卡，同时音频对象也会出现在"动画窗格"里。"播

图 4-31　录制录音

放"选项卡提供了简单的音频编辑功能等（见图 4-32）。

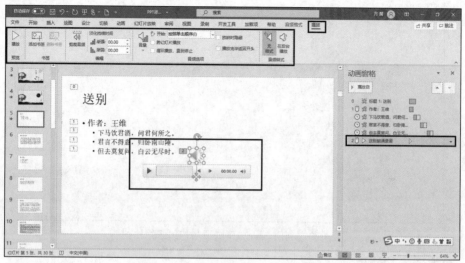

图 4-32　插入音频后显示的相关选项卡

③ 勾选"播放"选项卡|"音频选项"组|"跨幻灯片播放""循环播放，直到停止""放映时隐藏"命令（见图 4-33）。

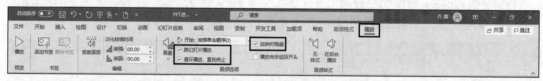

图 4-33　设置"音频选项"

④ 设置"动画窗格"里的音频对象的开始方式为"上一动画之后"。

⑤ 因为与"送别"相关的幻灯片一共 7 页，因此双击音频对象在弹出的"播放音频"窗口中，设置"在 7 张幻灯片后"停止播放（见图 4-34），单击"确定"按钮。

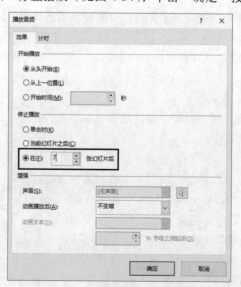

图 4-34　设置音频的停止播放方式

注意：要向 PPT 插入音频，前提是安装了此媒体格式所需的编解码器。

4.4　切换和动画

4.4.1　切换的使用

切换是为每张幻灯片设置的切换到此幻灯片的动作。

设置切换的步骤如下：

① 选定要被设置切换的幻灯片。

② 单击需要的切换方式。

③ 修改切换的效果。

④ 按【Shift+F5】组合键预览当前被设置切换的幻灯片效果是否符合要求，再修改。

微视频

例 4-10

【例 4-10】对幻灯片设置切换效果。针对"唐诗赏析.pptx"文件，设置其每首诗的第一张幻灯片切换效果为自左侧的"推入"。

操作步骤：

① 打开给定的 PPT 文件，切换到"幻灯片浏览"视图，按住【Ctrl】键同时选择"送别"、"游子吟"和"望岳"各自出现的第一页（见图 4-35）。

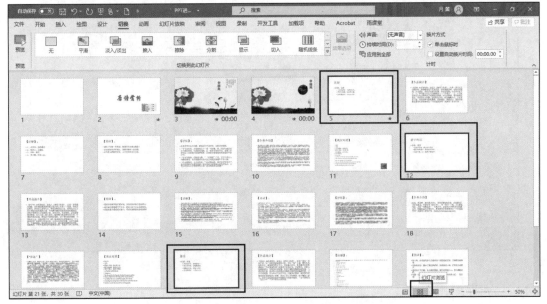

图 4-35　以"幻灯片浏览"视图查看并选定幻灯片

② 单击"切换"选项卡|"切换到此幻灯片"组|"推入"效果（见图 4-36）。

③ 修改目前选中几张幻灯片的"切换选项"命令为下拉列表中的"自左侧"命令（见图 4-37）。

④ 按【Shift+F5】组合键，浏览当前设置的幻灯片切换效果。

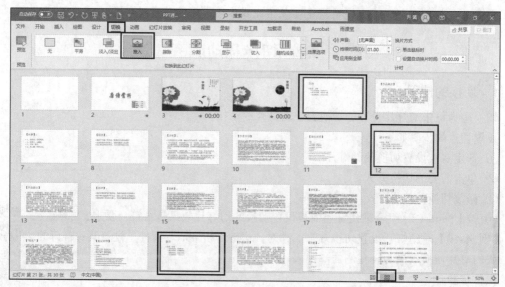

图 4-36　为选定幻灯片设置切换效果

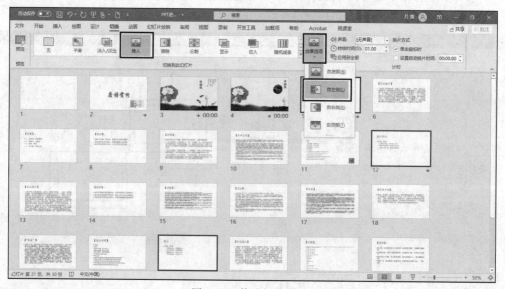

图 4-37　修改切换效果

4.4.2　动画的使用

动画是 PPT 针对幻灯片内的元素施加的动作。被施加动画的对象可以是文字、图片、形状、数据图表等。

设置动画的步骤如下：

① 选定要设置动画的对象。

② 单击需要的动画。

③ 修改动画开始方式、持续时间、延时时间、动画效果。

④ 同一张幻灯片上具有多个动画时，注意动画顺序的调整。

注意：在"动画窗格"中，针对此张幻灯片的所有动画设置都能看得到。

【例 4-11】常见动画的使用。

针对"唐诗赏析.pptx"文件，为每一首诗出现的第一张幻灯片里的文字设置动画效果。要求：①使"标题"采用"淡化"方式"与上一动画同时"显示，持续 1 s。②"内容"部分文字，按词顺序自左向右擦除。③作者所在行通过"单击"显示，其余行通过"上一动画之后"显示。

微视频
例 4-11

操作步骤：

① 打开给定的 PPT 文件，单击"送别"出现的第一张幻灯片，选择"动画"选项卡|"动画"组|"淡化"命令，所包含元素被设置了动画的幻灯片的编号下会出现五角星图案（见图 4-38）。

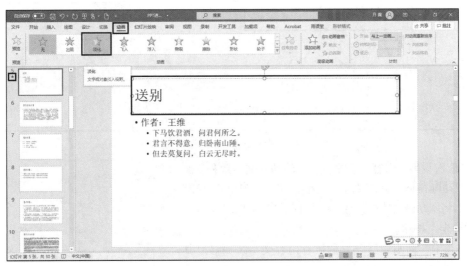

图 4-38　设置"淡化"动画

② 修改"送别"的"开始"为"与上一动画同时"，设置完成后在"送别"文本框的左上角会出现"0"的字样，表明是切换到当前幻灯片后自动开始的动画，修改"持续时间"为"01.00"（见图 4-39）。

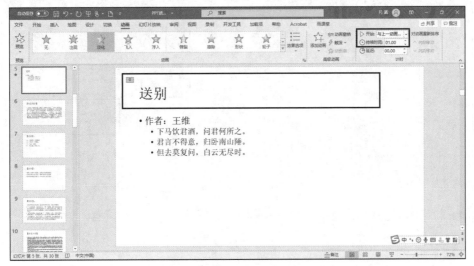

图 4-39　设置动画开始方式和持续时间

③ 单击"动画窗格"。用鼠标选择"内容"里的所有文字，单击"动画"里的"擦除"（见图 4-40），默认是"单击"方式进入。

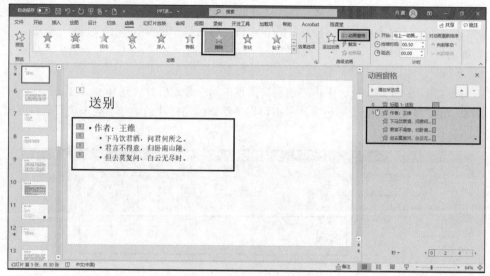

图 4-40　设置"擦除"动画

④ 依次设置"内容"里的每一行的动画文本效果。例如，在"动画窗格"里，双击"作者：王维"，弹出"擦除"对话框，将"动画文本"修改为"按词顺序"（见图 4-41），单击"确定"按钮。

⑤ 选中"动画窗格"里的所有内容文字统一修改其动画效果为"自左侧"（见图 4-42）。

⑥ 同时选中除了作者行之外的其他文字内容，修改"开始"的设置为"上一动画之后"（见图 4-43）。

图 4-41　设置"擦除"动画的动画文本效果

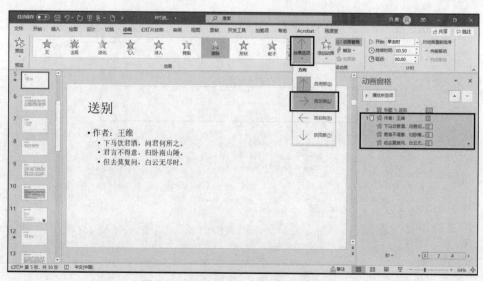

图 4-42　同时修改多个对象的动画效果

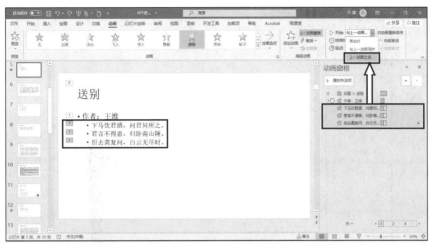

图 4-43　同时修改多个动画的开始方式为"上一动画之后"

4.5　母　　版

母版是用来快速统一 PPT 风格的工具。在"视图"选项卡的"母版视图"组包含"幻灯片母版"、"讲义母版"和"备注母版",通常使用"幻灯片母版"来统一 PPT 背景、字体等(见图 4-44)。

图 4-44　"母版视图"功能区

单击"视图"选项卡中的"幻灯片母版"命令,会在功能区"文件"选项卡的右侧出现"幻灯片母版"选项卡,自动会出现一个名称为"Office 主题"的母版,包含 12 个默认版式(见图 4-45),包括"标题幻灯片""标题和内容幻灯片"等,右击每一个版式可以重命名版式名称。每个版式里的虚框就是各种表示允许插入某种对象的占位符,如"标题占位符"表示此占位符中的文字会被作为幻灯片标题。也可以通过添加占位符的方式来创建或者修改已有版式(见图 4-46)。

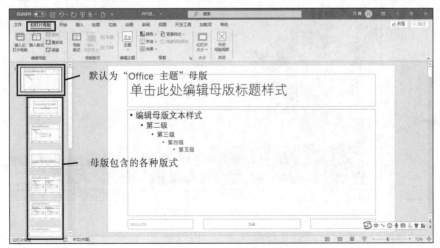

图 4-45　幻灯片母版视图

图 4-46　插入占位符

【例 4-12】针对"唐诗赏析.pptx"文件，为所有幻灯片设置统一背景。

操作步骤：

① 打开给定的 PPT 文件，找到带有荷花的内容较少的那张幻灯片（此处仅以此为例，可以自行定义），按【Ctrl+A】组合键选定该张幻灯片所有对象，按【Ctrl+C】组合键复制所有对象及其动画到系统剪贴板中（见图 4-47）。

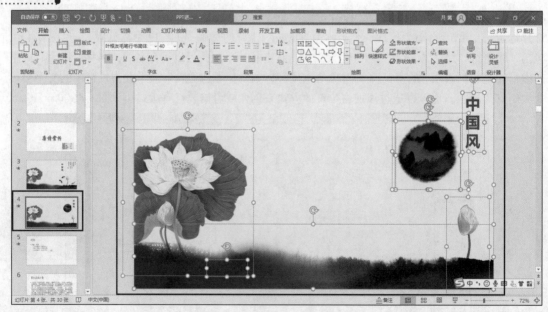

图 4-47　复制某张幻灯片所有内容

② 单击"视图"选项卡|"幻灯片母版"命令，以切换到"幻灯片视图"选项卡，单击母版，

按【Ctrl+V】组合键，会将此母版的所有版式都复制上系统剪贴板里的内容，鼠标不要松开，右击，在弹出的快捷菜单中选择"置于底层"命令（见图 4-48）。

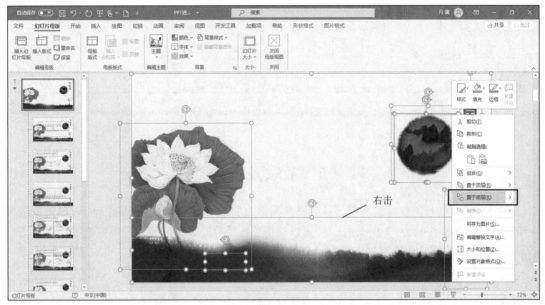

图 4-48　在"幻灯片母版"中设置背景

③ 打开"动画窗格"窗口，将其中的动画全部选中，删除（此处仅以此为例，可以自行设置）（见图 4-49）。

图 4-49　将母版幻灯片的所有动画删除

④ 单击"幻灯片母版"选项卡|"关闭母版"命令，回到幻灯片编辑页面。按【F5】键查看效果，发现背景颜色过深影响了文字的阅读。切换回"幻灯片母版"，选中母版中需要修改的图片。此处以荷花为例，选中荷花，在弹出的"图片格式"选项卡中选择"透明度"中的"透明度：65%"

将其透明度调低（见图 4-50）。

图 4-50　在母版里调整图片的透明度

⑤ 进行反复修改，直至满意为止。

4.6　放映及输出

在利用 PPT 进行幻灯片演示时，从从头开始播放利用快捷键【F5】，从当前页开始播放利用快捷键【Shift+F5】。此外，还可以利用"排练计时"等功能进行模拟演练。PPT 提供了多种文件类型进行保存，包括.pptx、.ppt、.doc、.pdf、.xps、.ppsx 等。

●微视频

例 4-13

【例 4-13】将设置完成的"唐诗赏析.ppt"文件以.ppsx 格式进行保存。

操作步骤：

① 打开给定的 PPT 文件，选择"文件"选项卡的"导出"窗口中的"更改文件类型"为"PowerPoint 放映(*.ppsx)"，单击"另存为"按钮进行保存（见图 4-51）。

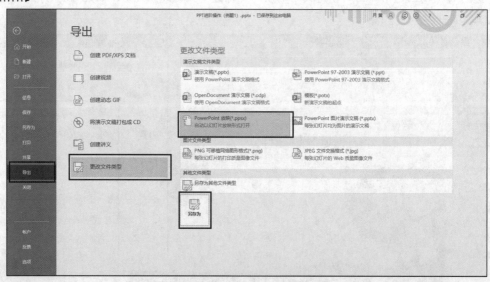

图 4-51　将 PPT 更改文件类型导出

●微视频

例 4-14

② 在保存文件夹里可以看到此文件含有播放图标（见图 4-52），双击可以自动以幻灯片放映形式打开。

【例 4-14】将设置完成的"唐诗赏析.ppt"文件打印为 PDF，使得每页显示 6 张幻灯片，并且水平放置。

操作步骤：

① 打开给定的 PPT 文件，选择"文件"选项卡中的"打

图 4-52　.ppsx 文件图标

印"窗口的选择 PDF 打印机（与计算机上安装何种 PDF 打印机有关），默认是每页打印 1 张幻灯片，单击"整张幻灯片"的按钮，选择"6 张水平放置的幻灯片"，在右侧会有打印预览（见图 4-53）。

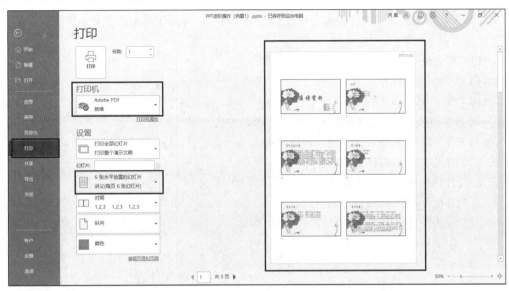

图 4-53　将 PPT 打印为一页显示 6 张幻灯片的 PDF 文件

② 单击"打印"按钮，保存文件，用计算机上已安装好的 PDF 阅读器将其打开查看（见图 4-54）。如不符合需求，可对打印范围、打印版式、打印顺序、纸张方向等进行修改。

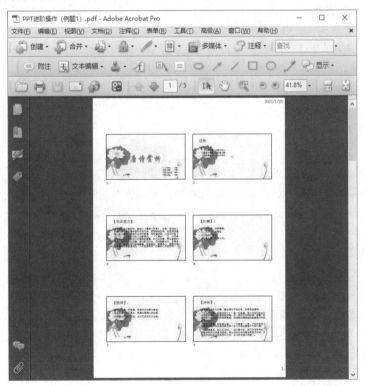

图 4-54　用 PDF 阅读器打开保存的文件

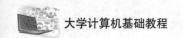

小　结

熟练掌握演示文稿的创建方法和各种元素的使用技巧，有助于展示形象生动的演示文稿。本章主要讲述了以下内容：

① PPT 建立的各种方法。

② 向 PPT 中插入各种文本的方法。

③ 向 PPT 中插入表格的方法。

④ 向 PPT 中插入图片、形状、SmartArt 图形的方法。

⑤ 向 PPT 插入数据图表的方法，修改数据图表元素。

⑥ 向 PPT 中插入多媒体的方法。

⑦ 幻灯片切换和动画窗格的使用。

⑧ 母版在统一 PPT 风格方面的作用。

⑨ PPT 放映及输出操作。

习　题

根据本书"7.3 大数据"和自己搜索到的相关素材，完成"大数据含义及旅游大数据的应用"的演示文稿制作。具体要求如下：

1. 第 1 张幻灯片：

① 使用"标题幻灯片"版式。

② 主标题"大数据含义及旅游大数据的应用"，44 号加粗。

③ 副标题（班级+学号+姓名），24 号加粗，中文采用"微软雅黑"，西文采用"Times New Roman"。

2. 第 2 张幻灯片：

① 使用"标题和内容"版式。

② 标题：输入文字"一、大数据的含义"。

③ 内容：

i.　摘取"7.3.1　大数据的含义"中你认为合适的文字作为内容。

ii.　至少包含二级：第一级内容字号为 28 号，第二级及之后级别内容字号为 24 号。

iii.　两端对齐，文本长度要能够跨行，按中文习惯控制首尾字符，允许标点溢出边界，不自动调整文本大小。

④ 使用切换效果"自底部擦除"。

3. 第 3 张幻灯片：

① 使用"图片与标题"版式。

② 单击图标添加图片，将素材中"第 5 章作业素材"加入第 3 张幻灯片中。

③ 标题输入"二、旅游大数据的应用"。

4. 第 4 张幻灯片：

① 使用"仅标题"版式。

② 将"7.3.2　旅游大数据的应用"中的六方面使用一种合适的 SmartArt 图形进行展现，采

用"淡出"动画、"逐个"效果进行显示。

5．第 5～10 张幻灯片：

① 采用"标题和内容"版式，依次介绍"二、旅游大数据的应用"的六方面。

② 幻灯片的标题依次是：（一）旅游统计；（二）旅游公共信息服务；（三）旅游行业监管、（四）旅游安全预测、预警与调控；（五）旅游市场结构分析、预测与营销；（六）游客信息化服务。

③ 各幻灯片内容自行从素材摘取加工。

④ 在各幻灯片上绘制适合的跳转按钮，跳转到第 4 张幻灯片。

6．页脚：首页要不同（"标题幻灯片中不显示"），其他页的页脚处输入"班级+学号+姓名"。

7．其余设置自定义，简洁大方即可。

第5章
"剪映"视频编辑

剪映是一款视频编辑软件，具有全面的视频剪辑功能，拥有多种滤镜效果和丰富的素材资源。主要功能包括分割视频、变速、倒放、画布、转场、贴纸、文字设置、变声、滤镜和美颜等，是比较流行的视频制作软件。

下面按剪映软件一般视频创作流程来讲解剪映软件使用方法。

5.1 视频编辑界面

打开"剪映"软件，启动界面如图 5-1 所示。

图 5-1 剪映启动界面

单击"⊕开始创作"，进入视频编辑窗口，如图 5-2 所示。

"剪映"视频编辑窗口主要有素材面板、播放器面板、时间轴面板和功能面板四个区域。

1. 素材面板

素材面板显示的是用户导入的本机视频、音频和图片等素材，以及剪映在素材库中提供的各种素材。这些素材可以拖动到时间轴面板中进行编辑。

2．播放器面板

播放器面板是素材的播放器窗口，可以预览素材面板或时间轴面板中的素材，也可以查看时间轴面板中素材的每一帧画面。

3．时间轴面板

时间轴面板又称时间轴或者轨道，剪映支持多轨道剪辑。可以把素材面板中的素材拖到时间轴区域进行各种基础编辑操作。例如视频裁剪，素材在时间轴上前后位置和轨道调整等。

4．功能面板

选中时间轴面板中的素材，激活功能面板，可以对时间轴中选中的素材进行各种更高阶的编辑操作，如对视频画面的进行放大、缩小、旋转、变速以及添加各种动画效果等操作。

图 5-2　剪映编辑界面

5.2　导入素材和视频剪辑

在视频创作之前，按照创作要求准备好要在作品中呈展现的视频、图片、音频、动画等素材资源，下面以制作主题为"春天"视频为例，说明如何使用这些功能。先准备好有关"春天"的素材：桃花.jpg、春芽.jpg、春江水.mov、立春.mpeg、四月之春.mp3 等，并保存在同一文件夹中。

5.2.1　导入素材

在"剪映"素材面板中，通过"本地"|"⊕导入"按钮把本机资源导入到素材面板。剪映素材库中也提供了丰富的素材资源。

【例 5-1】将本机中"春天"素材导入到素材面板。

操作步骤：

① 单击"本地"|"⊕导入"按钮，打开素材资源选择对话框。

② 选中提前准备的好素材：桃花.jpg、春芽.jpg、春江水.mov、立春.mpeg、四月之春.mp3，单击"打开"按钮，将以上文件导入到素材面板，如图 5-3 所示。

微视频●

例 5-1

图 5-3　导入素材

5.2.2　视频剪辑

视频剪辑操作有视频分割、删除、定格、倒放、镜像、旋转、裁剪等，其对应功能按钮在时间轴面板左上方，功能按钮排列如图 5-4 所示。

撤销　重做　分割　删除　定格　倒放　镜像　旋转　裁剪

图 5-4　剪映视频剪辑功能按钮

1．加载视频素材

素材面板区的素材只有加载到时间轴面板的时间轴上才可以进行视频剪辑操作。

【例 5-2】将素材面板区中"春天"相关素材加载到时间轴上。

操作步骤：

① 将素材面板中的视频、图片、音频缩略图拖到时间轴面板下方时间轴上，或通过素材区视频缩略图右下角的"＋"按钮把素材文件加载到时间轴上。

② 如果有多个素材文件，可以用同样方式加载到时间轴。注意：视频素材和音频素材是在不同的时间轴。

③ 在时间轴上通过拖动素材方式改变素材在时间轴排列的先后顺序，这也是素材播放的顺序。

如图 5-5 所示，将素材加载到时间轴后，按照"桃花.jpg"、"春江水.mp4"、"春芽.jpg"和"立春.mp4"顺序排列。

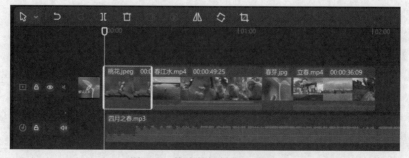

图 5-5　剪映剪辑栏加入素材

2. 预览视频

在时间轴面板右上方有一排按钮,从左至右其功能是分别是:录音、打开或关闭主轨道磁吸、自动吸附、视频联动、打开或关闭预览、播放头缩小、放大等功能,如图 5-6 所示。

图 5-6 剪映视频预览功能按钮

视频加载到时间轴面板后,有三种方式预览视频:

① 通过时间轴右上方的"播放头放大"按钮将视频沿时间轴展开到合适长度,可以粗略浏览时间轴上的视频帧缩略图,也可拖动播放头快速预览。

② 单击播放器面板下方的"播放"按钮,通过播放器播放视频方式仔细观看。

③ 打开预览功能,通过鼠标在时间轴素材上滑动,可快速预览视频。

图 5-7 所示为将播放头放大后素材在时间轴上的显示效果,可以预览整个时间轴上的素材。

图 5-7 预览视频

3. 分割视频

分割视频就是对视频进行分段切割。以下两种情况需用到这个功能:一是把需要的视频部分留下来,把不合适的片段或多出的部分裁剪掉;二是一些视频效果是以视频段为单位进行编辑的,如视频倒放、镜像功能等,这时候需要把视频切割成合适的片段来添加效果。

分割视频的方法如下:

① 播放头定位到视频中合适的位置。

② 单击"分割"按钮,就可以将视频从播放头处切割成前后两段。

注意:分割工具可以用于视频轨道、画中画、音频轨道、贴纸轨道、文字轨道、特效轨道、滤镜轨道的分割,也可以同时选中多个轨道同时分割。

【例 5-3】将素材春江水.mov 中有"细腰猫"部分视频从原视频中切割出来。

操作步骤:

① 单击"播放头放大"按钮将视频沿时间轴展开到合适长度。

②通过时间轴上视频帧预览找到包含有细腰猫视频的开头与结尾处的转换帧,如图 5-8 中白色线框所示。

微视频 ●

例 5-3

③ 将播放头移到虚线框左侧位置，单击时间轴上方的"分割"按钮，视频就从播放头处被切割成两段；然后再将播放头移到虚线框右侧位置进行切割操作，这样就将包含有"细腰猫"那部分视频从原视频中切割出来。

图 5-8　切割视频

4．删除视频段

选中要删除的视频段，按【Delete】键可直接将段该视频从时间轴上删除，或右击要删除的视频段，从弹出的快捷菜单中选择"删除"命令。

● 微视频

【例 5-4】将素材"春江水.mov"中"细腰猫"部分视频从原视频中删除。

操作步骤：

① 单击选中"细腰猫"视频片段。

② 按【Delete】键删除，或单击时间轴上的"删除"按钮，或右击并在弹出的快捷菜单中选择"删除"命令。

③ 删除后时间轴上的视频帧如图 5-9 所示。

例 5-4

图 5-9　删除栏目

5．视频裁剪

视频裁剪是指视频画面内容的裁剪，视频画面经过裁剪可以去掉无关主题的内容，突出或强

164

调某些局部画面内容。

【例 5-5】将素材"春江水.mov"包含有"蝴蝶"那部分视频中的画面加以裁剪来
突出蝴蝶。

操作步骤：

① 按【例 5-4】的方法将包含"蝴蝶"画面帧的视频段切割出来。

② 选择"蝴蝶"视频段，单击"裁剪"按钮 ，或右击并在弹出的快捷菜单中选
择"裁剪"命令。

③ 在播放器子窗口中弹出画面裁剪框，如图 5-10 所示，通过拖动可改变裁剪框在画面中的
位置，或选择裁剪框边框的八个控点对视频画面区域进行选择。

④ 单击"确定"按钮完成视频画面裁剪。

图 5-10　裁剪视频

5.3　添加视频效果和音频编辑

5.3.1　添加视频效果

视频效果包括转场、滤镜、特效、贴纸等，都是以图标的形式加载到轨道上方，选中效果图
标可以在播放头轴上移动，按【Delete】键可以删除效果。

1．添加转场

转场就是两个视频段衔接处的切换方式。当把多段视频通过切割和裁剪后再合并播放，会发
现两段视频间过渡生硬，此时可以运用转场功能来让它们完美衔接在一起。剪映里面自带了非常
多且实用的转场，如"综艺转场""特效转场""幻灯片"等。

【例 5-6】在"蝴蝶"视频段与其后视频之间添加"漩涡"转场，效果如图 5-11
所示。

操作步骤：

① 把播放头定位在"蝴蝶"视频段与其后视频段衔接位置附近。

② 单击转场按钮 ，在素材面板区域选择转场效果"漩涡"，单击"漩涡"转场
图标右下角处的加号，或直接"漩涡"转场图标拖到主轨道轴两个视频衔接的地方。

③ 在右侧功能面板修改转场时长：转场时长是 0.1～1.5 s 之间。

添加"漩涡"转场效果后"蝴蝶"段视频转场视频如图 5-11 所示。

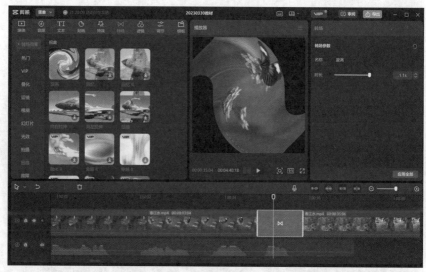

图 5-11   添加转场

2. 添加滤镜

滤镜主要用于实现视频的一些特殊效果。

【例 5-7】为了突出蝴蝶艳丽色彩，将蝴蝶视频段加上"高饱和"滤镜。

操作步骤：

① 把播放头定位到视频中需要添加滤镜的位置。

② 单击滤镜按钮，在素材面板区选择"高饱和"滤镜，单击滤镜图标右下角处的加号，滤镜就会自动添加到新轨道上。

③ 在轨道选择滤镜进行移动，也可通过拖动滤镜左右两端改变改变时间长度，为特定视频段画面添加滤镜效果。

④ 在功能面板区修改滤镜参数，改变滤镜效果。

将蝴蝶视频段加上"高饱和"滤镜后的效果如图 5-12 所示。

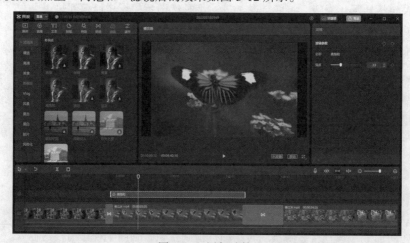

图 5-12   添加滤镜

3. 添加特效

特效就是让视频、图片实现特殊效果。剪映自带很多特效，可以根据需要选择。

【例 5-8】将蝴蝶视频段增加一个"鱼眼Ⅲ"特效。

微视频 ●

例 5-8

操作步骤：

① 先观察需要加载特效的视频段起始与结束帧位置，把播放头定位到视频中需要添加特效的区域里。

② 单击特效按钮 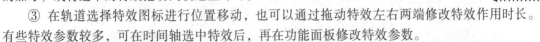，在素材面板选择合适的特效之后，单击特效图标右下角处的加号，或将选中的特效拖动到轨道上即可。

③ 在轨道选择特效图标进行位置移动，也可以通过拖动特效左右两端修改特效作用时长。有些特效参数较多，可在时间轴选中特效后，再在功能面板修改特效参数。

蝴蝶视频段增加"鱼眼Ⅲ"特效后效果如图 5-13 所示。

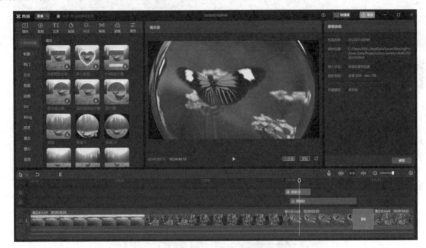

图 5-13　添加特效

4. 添加贴纸

剪映里面自带了很多实用的贴纸，并且支持在视频中插入多个贴纸。

【例 5-9】将湖面视频段添加"小鸭"和"你好四月"贴纸。

微视频 ●

例 5-9

操作步骤：

① 把播放头定位到视频中需要添加贴纸的位置。

② 单击贴纸按钮 ，在素材面板区选择"春日|你好四月"贴纸，单击贴纸图标右下角处的加号，或将选中的贴纸拖动到时间轴合适位置上，会自动创建贴纸轨道。

③ 在轨道选择贴纸图标进行位置移动，可以将贴纸插入所需的画面中，也可以通过拖动贴纸左右两端修改贴纸特效作用时长。

④ 从贴纸轨道选中贴纸，在功能面板区对贴纸的大小、位置以及贴纸入场、出场和循环播放等贴纸效果参数进行设置。

⑤ 按照步骤②添加"小鸭"贴纸，并将"小鸭"和"你好四月"贴纸定位在时间轴轨道相同的位置，这样可以同时显示两种贴纸效果。

同时显示"小鸭"贴纸和"你好四月"贴纸效果如图 5-14 所示。

图 5-14　添加贴纸

5. 视频调节

视频调节工具可以对选中的视频片段进行调色，对比度、透明度、播放速度、进入退出时的动画效果等进行设置和调整。视频调节界面如图 5-15 所示。

图 5-15　视频调节界面

微视频

例 5-10

【例 5-10】调节湖面视频段的亮度、色彩饱和度、对比度，使视频画面更加亮丽鲜艳。

操作步骤：

① 把播放头定位到需要调节的视频段中并选中该段视频。

② 单击功能面板中"调节"选项卡，调出视频调节界面。

③ 调整亮度、对比度、饱和度和色温等各项参数，同时注意观察播放器中视

频画面效果。

湖面视频段画面调节结果如图 5-16 所示，调节后画面更加亮丽和通透。

图 5-16　视频调节

6．画面编辑

视频画面可以进行以下几个方面的编辑：

① 画面透明度：通过调节透明度，两层轨道中视频可以实现叠加的效果。

② 磨皮与瘦脸：这两项功能主要是针对视频中人像使用，有美颜效果。

③ 缩放与旋转：这两项功能可以对视频画面进行放大、缩小和旋转操作。

④ 抠像与蒙版：支持对视频人物背景识别与抠像以及蒙版操作。

⑤ 背景充填：可以对画面背景用颜色或样式进行填充，也可以进行模糊操作。

视频画面功能调节面板如图 5-17 所示。

图 5-17　视频画面功能调节面板

【例 5-11】给湖面视频段添加圆形蒙版和对背景黑色充填。

操作步骤：

① 在时间轴上单击选中湖面视频片段。

② 在功能面板选中"画面"|"蒙版"|"圆形"，并在蒙版底部设置蒙版边缘羽化 3 像素。

③ 拖动播放器窗口中圆形蒙版边缘控点改变蒙版大小及位置。

④ 基础选项卡中选择"背景充填"|"颜色"|"黑色"。效果如图 5-18 所示。

图 5-18　添加蒙版

7. 视频变速

该功能是对视频的播放速度进行调整，通过调播放速度倍数实现快镜头和慢镜头的效果。倍数越大，视频速度越快；倍数越小，视频速度越慢。目前支持 0.1～100 倍速之间的慢放和快放，当视频的速度加快时，视频时长减少，当视频速度变慢时，视频时长增加。也可以自定义视频的时长，实现快慢镜头的效果。视频变速后会导致声音音调发生变化，声音变调可选择是否开启，开启后，原来视频的声音音调会随着视频速度变化而变化。常规变速界面如图 5-19（a）所示。

除了常规的视频加速和减速，还可以做曲线变速，这对运动类题材视频和强调某些视频画面非常有用。曲线变速界面如图 5-19（b）所示。

（a）常规变速

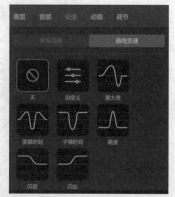

（b）曲线变速

图 5-19　视频变速面板

8. 动画效果

对视频片段可以添加入场动画、出场动画和组合动画，入场动画、出场动画分别对应该视频加载和退出时的动画效果，组合动画则作用于视频段播放全过程的动画效果。系统自带动画效果较多，可选择使用。

【例 5-12】将时间轴素材"桃花"段加上"四格翻转"组合动画效果。

操作步骤：

① 选中轨道上视频"桃花"段。

② 选择功能面板中"动画"选项卡，再选择组合动画。

③ 单击动画效果"四格翻转"图标，将"四格翻转"动画应用到选中的"桃花"段视频，同时可以观察到在播放器看到视频加载动画后的播放效果。

④ 若需删除视频动画，选中轨道上视频后单击动画效果"无"。

应用"四格翻转"组合动画效果如图 5-20 所示。

微视频 ●┄┄┄┄┄
例 5-12

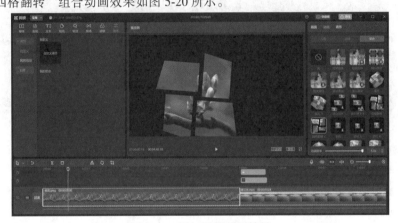

图 5-20　添加视频动画效果

5.3.2　音频编辑

1. 加载音频

把素材面板中音频素材缩略图拖到时时间轴面板上，或通过素材区音频缩略图右下角的"+"按钮把音频文件加载到时间轴上，即可对视频素材进行编辑。如果有多个音频文件，可以用同样方式将其加载到时间轴上。在时间轴上可以通过拖动音频素材方式改变音频的先后播放顺序。如果不使用原视频中的音频，可以单击视频轨道左侧的小喇叭图标"关闭原声"。

音频的另一个来源是音频素材库，系统提供了大量音乐素材和音效素材可供使用，素材库音频资源非常丰富。使用库中音频的方法：单击音频素材右下角的"+"按钮，可将音频素材添加到音频轨道上。图 5-21 所示为将音频"四月之春.mp3"添加到时间轴面板的音频轨道中。

图 5-21　添加音频

2. 分离与分割音频

可以采用分割视频同样的方式分割音频，对于视频素材中音频先"分离音频"，然后再分割分段后编辑。

【例 5-13】将"春江水.mp4"中音频从视频中分离出来。

操作步骤：

① 选中时间轴面板上的"春江水.mp4"视频片段。

② 右击，在弹出的快捷菜单中选择"分离音频"命令，这样就将音频从视频素材中分离出来，并把分离出来音频放在新的轨道上。

音频"春江水"是从视频中分离出来的，如图 5-22 所示。分离后音频存放在新的音频轨道，可像自添加的音频一样进行编辑。

图 5-22　音频分离

3. 编辑音频

剪映为用户提供了丰富的音乐素材和音效素材，此外还支持导入本地音频素材。剪映支持多音轨功能，可以加入多个音频。

编辑音频的步骤如下：

① 在音频轨道上选中要编辑的音频段。音频操作是以音频轨道上音频片段为单位，可以先对时长较长的音频段做适当的分割处理。

② 在功能面板选择"音频"|"基础"或"变速"选项卡。根据需要修改该段音频的音量，以及淡入或淡出的时长，也可以做各种变声处理。

③ 变速选项卡的变速面板可以对该段音频改变音频的播放速度。

④ 如果在时间轴上多段音轨有重叠部分，可以通过"停用片段"或"启用片段"音轨方式来决定该段音轨是否播放。

⑤ "停用片段"或"启用片段"音轨方法：选中的音频片段并右击，在弹出的快捷菜单中选择"停用片段"（或"启用片段"）命令。

音频修改后在音频轨道上音频波形能直观地反映出来，通过播放按钮可以试听声音效果是否符合要求。

【例 5-14】将"春江水.mp4"第一段视频中原音替换成"四月之春"。

操作步骤：

① 分离音频：选中"春江水.mp4"第一段视频，右击，在弹出的快捷菜单中选择"分离音频"命令，将音频从视频中分离。

② 停用音频片段：选中分离出的音频，右击，在弹出的快捷菜单中选择"停用片段"命令，将分离出来音频片段停用。

③ 加载音频: 从素材库中将音频素材"四月之春.mp3"拖到时间轴区域的音轨轴上, 并将音频和视频开头在时间轴上对齐。

④ 切割音频: 选中"四月之春.mp3"音轨, 播放头定位"春江水.mp4"第一段视频尾部, 单击"分割"按钮, 分割"四月之春.mp3"音频段一分为二。选择分割出的后段音频, 按【Delete】键删除。

⑤ 音频编辑: 选中"四月之春.mp3"音频前段, 在功能面板选择"音频"|"基本"选项卡。添加淡入或淡出效果, 也可以根据需要做各种变声和变速处理。

编辑好的音频轨道如图 5-23 所示。

图 5-23 音频编辑

5.4 文字与字幕

视频编辑过程中, 可以在视频里加上文字或字幕, 方便观众观看。

【例 5-15】在视频开头中添加视频标题文本"四月之春"并设置视频封面。

操作步骤:

① 将素材中"桃花.jpg"插入视频轨道"春江水.mov"前, 设置时长 6 s。

② 将播放头定位在图片"桃花.jpg", 单击菜单栏"文本"按钮 ，在素材面板单击"默认文本"右下角"+"图标, 将"默认文本"添加到文本轨道, 并与图片在时间轴上对齐。

微视频●

例 5-15

③ 选中时间轴上"默认文本"图标, 在功能面板选择"文本"|"基础"选项卡。输入"四月之春", 字体选择"花语手书", 对齐方式选择"竖排向上"对齐。

④ 拖动播放窗口文本框改变文本位置, 拖动文本框边框四角控点可改变文本框大小。调整"四月之春"文本到合适位置和大小。其他文本选项如边框、间距、阴影等也可以设置, 这里使用默认设置。

⑤ 在"文本"|"气泡"选项卡可应用各种文字气泡效果, 这里不使用气泡文字效果。

⑥ 在"文本"|"花字"选项卡可应用各种文字花字效果, 这里使用黄边红底花字效果。

⑦ 单击视频轨道左侧"封面"按钮 ，设置视频封面。

标题文本"四月之春"完成后文本效果如图 5-24 所示。

图 5-24　添加标题字幕

此外，系统还带有自动识别语音及歌词功能，可以将识别到的内容自动转化成字幕，节约用户编辑时间。

5.5　导　出　视　频

当视频、音频、字幕、特效等全部完编辑成后，就可导出完整的视频。

【例 5-16】导出视频示例：将前面编辑的视频命名为"春日"并导出保存。

操作步骤：

① 单击右上角的"导出"按钮 导出，弹出"导出"对话框。

② 输入导出视频的文件名"春日"，选择视频保存文件夹，并指定导出视频文件的格式、分辨率和帧率。

③ 单击"导出"按钮，开始导出视频文件。

导出时需要注意的一点是导出格式，一般选择 1080P，24 帧/秒。这个格式也是适合短视频平台上传的尺寸。视频导出窗口如图 5-25 所示。

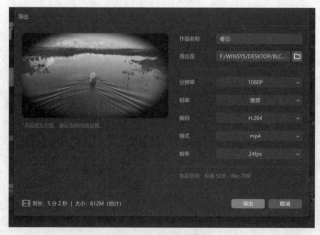

图 5-25　视频导出

小 结

剪映是一款功能齐全的视频编辑剪辑软件，带有全面的剪辑功能，支持变速，具有多样滤镜效果，以及丰富的素材资源。本章主要讲述了以下内容：

① 剪映的视频剪辑功能：可以对视频进行剪辑操作，包括分割、变速、旋转、倒放等。

② 剪映的音频编辑功能：可以对音频做淡入、淡出、降噪、变声和变速等操作。

③ 剪映的文本功能：剪映内置了丰富的文本样式和动画，操作简单，输入文字后稍加编辑即可轻松达到自己想要的效果。

④ 剪映的滤镜功能：剪映中内置了多种风格的滤镜，可以满足大多数视频场景下的使用需求。

⑤ 剪映的丰富资源库：剪映多样滤镜效果，以及丰富的文字、音效、曲库资源。

⑥ 剪映的强大素材库：支持多视频轨/音频轨编辑，用 AI 为创作赋能，满足多种专业剪辑场景。

习 题

1. 练习制作约 30 s 的视频作品，按以下要求完成：

（1）素材准备：

① 3 段横版视频、每段 20 s 左右。

② 一段 MP3 音频。

（2）基本操作内容：

① 添加 3 段视频。

② 设置视频转场。

③ 关闭原音。

④ 添加 MP3 音频做背景音乐。

⑤ 切割 MP3 音频和视频等时长。

⑥ 修改视频比例（3∶4 或 16∶9）。

⑦ 添加标题字幕（字体）。

（3）导出视频。

2. 使用手机拍摄一段运动短视频，如跑步、打篮球等，并对视频做如下编辑：

（1）导入视频。

（2）添加视频标题。

（3）对视频进行剪辑，去掉不需要的部分片段。

（4）添加背景音乐。

（5）根据视频内容添加特效。

（6）根据视频内容添加滤镜。

（7）对精彩片段内容使用慢动作镜头（变速播放）。

（8）导出编辑后的视频。

第6章

Photoshop 图像处理

6.1 Photoshop 概述

1. 相关概念

在讲解 Photoshop 之前，先介绍几个关于图像的概念。

（1）像素的概念

数字图像是由按一定间隔排列的亮度不同的像点构成的，形成像点的单位称"像素"（pixel），也就是说，组成图像的最小单位是像素，像素是图像的最小元素，如图 6-1 所示。

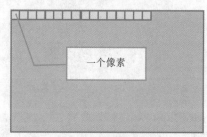

一个像素

图 6-1　像素的概念

（2）图像分辨率的概念

图像分辨率指图像中存储的信息量，是每英寸图像内有多少个像素点。通常表示成 ppi（每英寸像素）。包含的数据越多，图形文件的长度就越大，也越能表现更丰富的细节。"分辨率"是指单位长度中所表达或撷取的像素数目。

（3）像素和图像分辨率的区别

① 像素是组成图像的最小单位。

② 图像分辨率是指单位长度中所表达或撷取的像素数目。每英寸点越多（即分辨率越大）越清晰。

2. Photoshop 2021 简介

Photoshop 2021 界面包括菜单栏、当前所选工具的属性栏、工具栏、浮动面板、图像编辑区，如图 6-2 所示。

图 6-2　Photoshop 2021 界面

6.2　图像文件操作

1.　创建新图像

在 Photoshop 中新建图像有两种方法：

方法 1：在菜单栏中选择"文件"→"新建"命令。

方法 2：使用快捷键【Ctrl+N】。

通过以上两种方法即可打开"新建"界面，如图 6-3 所示。在此处可以设置详细信息：

① 在"未标题-1"处可以设置新的文件名。

② "宽度""高度"是设置图片大小及方向，在这里注意单位的选择。

③ 设置"分辨率"时，一般制作"普通图片"将其设置为 72，制作"照片"将其设置为 254，制作"印刷的海报"将其设置为 300。

④ "颜色模式"，制作一般的图片、照片都设置为 RGB，印刷的海报设置为 CMYK。

图 6-3　创建新图像的界面

⑤ "背景内容"可以根据需要任意设置背景颜色或将其设置为透明。

【例 6-1】新建一个 650×450 px 的文件，背景填充为黑色。具体步骤参见微视频讲解。

操作提示：

① 在菜单栏中选择"文件"→"新建"命令。

② 将"宽度"设置为 650，"高度"设置为 450，单位选择"像素"。

③ "背景内容"设置为黑色，单击"创建"按钮。

2.　打开图像

（1）在 Photoshop 中打开图像有两种方法

方法 1：在菜单栏中选择"文件"→"打开"命令。

方法 2：使用快捷键【Ctrl+O】。

（2）在 Photoshop 中同时打开多个图像

方法 1：拖动鼠标进行圈选。

方法 2：按住【Shift】键可以选择多个连续的文件。

方法 3：按住【Ctrl】键可以选择多个不连续的文件。

微视频

例 6-1

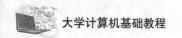

（3）打开多个图像后更改其排列的方法

在菜单栏中选择"窗口"→"排列"命令。

●微视频

例 6-2

【例 6-2】使用以上三种方法打开"教材用图"中的"图 1""图 2""图 3"三个文件，并使所有内容在窗口中浮动。步骤参见微视频讲解。

操作提示：

方法 1：在菜单栏中选择"文件"→"打开"命令，拖动鼠标进行圈选，单击打开。

方法 2：在菜单栏中选择"文件"→"打开"命令，按住【Shift】键可以选择多个连续的文件，单击打开。

方法 3：在菜单栏中选择"文件"→"打开"命令，按住【Ctrl】键可以选择多个不连续的文件，单击打开。

3．保存图像

在 Photoshop 中保存图像有三种方法：

方法 1：在菜单栏中选择"文件"→"存储"命令。

方法 2：在菜单栏中选择"文件"→"存储为"命令。

方法 3：使用快捷键【Ctrl+S】。

Photoshop 常用图像文件格式有 PSD、BMP、JPG、PNG 等四种，这四种文件格式区别如下：

① PSD：Photoshop 的原格式文件，分层保存，方便日后修改。

② BMP：标准图像文件格式，占空间大，效果好。

③ JPG：最常用的图像文件格式，占空间小，效果不好(有损压缩)。

④ PNG：可以设置成透明背景。可以在 Photoshop 制作出美观的文字，保存成 PNG 格式，放在 PPT 中使用。这种做法的优点如下：可以设置出更美观的字体；更换计算机后，当字体库没有时，字体不会发生改变。

●微视频

例 6-3

【例 6-3】将【例 6-1】新建的文件保存为"例 6-1.psd"，再另存为"例 6-1.jpg"。步骤参见微视频讲解。

操作提示：

① 在菜单栏中选择"文件"→"存储为"命令，输入文件名后单击"保存"按钮，即可保存为.psd 格式的文件。

② 在菜单栏中选择"文件"→"存储为"命令，输入文件名，保存类型选择"JPEG"后单击"保存"按钮，即可保存为.jpg 格式的文件。

4．改变图像的大小与分辨率

修改图像大小和分辨率的方法为：在菜单栏中选择"图像"→"图像大小"命令，在弹出的"图像大小"编辑界面中修改即可。

注意：

① PPT 中的图片一般使用 800×600 像素。

② 手机、微信等图片一般使用 1 024×768 像素。

③ PPT 中的图片分辨率一般为 72 像素/英寸。

④ 制作相片，分辨率一般设置为 254 像素/英寸。

⑤ 制作需要打印的海报，分辨率一般设置为 300 像素/英寸。

【例 6-4】将"例 6-1.psd"图像更改为 800×500 像素并保存。步骤参见微视频讲解。

微视频

例 6-4

操作提示：在菜单栏中选择"图像"→"图像大小"命令，将宽度改为 800 像素，高度改为 500 像素。

6.3　常　用　工　具

1. 移动工具

移动工具是 Photoshop 中使用频率非常高的工具之一，主要功能是图层、选区等的移动、复制操作。

注意： 两个文件之间也可以使用移动工具相互移动。

【例 6-5】在 Photoshop 中打开"教材用图"中的"图 1"并将此文件拖动至"例 6-1.psd"文件中。步骤参见微视频讲解。

微视频

例 6-5

操作提示：打开"图 1"文件，单击工具栏中的"移动"命令，将鼠标放在图片的中间，进行拖动至"例 6-1.psd"文件后释放鼠标。

2. 选框工具 （"抠"规则的图形使用，如圆、方）

作用：使用选框工具可以设置一个选区，所谓选区就是选取一部分图像，对选中的部分进行编辑。

使用方法：

① 选框工具的使用方法：选中此工具进行拖动即可。

② 属性栏中的羽化功能：修改羽化值可使被框选部分的四周出现虚化效果。

③ 取消选区的快捷键是【Ctrl+D】。

④ 反选的快捷键是【Shift+Ctrl+I】。

⑤ 等比例缩放（画正圆、画正方）的快捷键，按住【Shift】键后再拖动鼠标。

⑥ 添加选区，单击 图标，再拖动，可以在原有的选区基础上扩大选区范围。

⑦ 减少选区。单击 图标，再拖动，可以在原有的选区基础上缩小选区范围。

【例 6-6】使用"选框工具"将【例 6-6】中的红蓝方框移动至"例 6-1.psd"中。步骤参见微视频讲解。

微视频

例 6-6

操作提示：

① 单击工具栏中的"选框"工具，选择出想要移动的图形。

② 单击工具栏中的"移动"命令，将光标放在图片的中间，使用鼠标将图片拖动至"例 6-1.psd"文件后释放鼠标。

3. 套索工具 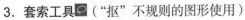（"抠"不规则的图形使用）

作用：套索工具通常用来"抠图"，最常用的是多边形套索工具和磁性套索工具。

使用方法：

（1）多边形套索工具 ：每点一下就会出现一个节点，最后双击，就可以形成一个闭合的选区。这是"抠"比较规则的图时经常使用的工具（如选择人物的衣服等）。

（2）磁性套索工具 ：适用于颜色差异较大的图片。磁性套索工具有非常强的吸附边缘功能。

使用时，只需沿着被选物边缘移动，便可自动吸附，最后双击鼠标结束。

【例 6-7】使用套索工具抠"教材用图"里的"抠图练习"图中的橙子，如图 6-4 所示。

操作提示：

① 双击"图层面板"中的小锁头图标，打开"新建图层"界面，单击"确定"按钮，将图层解锁。

② 选择工具栏中的"磁性套索"工具。

图 6-4　抠图练习

③ 在橙子边缘随意找到一个起点，沿着橙子的边缘移动鼠标，直到与起点重合，双击鼠标。

④ 在菜单栏中单击"选择"→"反选"命令，将选择的区域变为白色背景。

⑤ 按【Delete】键将背景删除。

⑥ 在菜单栏中选择"选择"→"取消选择"命令。

4. 魔棒工具（"抠"背景单一的图片使用，如给证件照换背景颜色）

作用：魔棒工具是比较快捷的"抠图"工具，适用于一些边缘分界线比较明显且背景色单一的图片，如修改证件照片的背景颜色。

使用方法：

"容差"：设置选取颜色的范围，数值越大，选取颜色的范围越大，数值越小，选取颜色的范围越小，一般容差设置在 30 左右。

"连续"：当选择"连续"时，只能选择出和鼠标位置连续的区域；如果不选中"连续"，则整张图片所有和鼠标位置颜色相近的所有像素都会被选中。

【例 6-8】使用魔棒工具抠"教材用图"里的"抠图练习"图中橙子。步骤参见微视频讲解。

操作提示：

① 参考【例 6-7】的步骤①，将图层解锁。

② 选择工具栏中的"魔棒工具"。

③ 在属性栏中将容差设置为 30。

④ 单击图片的白色背景区域。

⑤ 按【Delete】键将背景删除。

⑥ 在菜单栏中单击"选择"→"取消选择"命令。

5. 快速选择工具（"抠"背景图片单一或背景颜色相近的图片使用）

作用：快速选择工具用于选择图像中面积较大的单色区域或相近颜色的区域。

使用方法：单击按住鼠标左键不放，在当前图层中进行拖动，经过的区域就会被选中，这样就可以选中一片选区。

【例 6-9】使用"快速选择工具"抠"教材用图"里的"抠图练习"图中橙子。步骤参见微视频讲解。

操作提示：

① 参考【例 6-7】的步骤①，将图层解锁。

② 选择工具栏中的"快速选择工具"。

③ 在白色背景区域单击，拖动鼠标，直至白色背景全部选中为止。

④ 按【Delete】键将背景删除。

⑤ 在菜单栏中单击"选择"→"取消选择"命令。

6. 裁切工具

作用：裁切工具主要用于截图。

使用方法：选中裁切工具，在要保留的图像上拖出一个方框选区，可拖动边控点或角控点调整大小，框内是要保留的区域，框外是要被裁切的区域，然后在选区内双击或按【Enter】键确认，即可完成裁切。

7. 污点修复画笔工具

作用：使用污点修复画笔工具，可以快速删除图片中多余的部分。

使用方法：选中污点修复画笔工具，将图片中多余的部分直接涂抹即可。

"大小"是指涂抹的时候笔刷的大小，快捷键是【[】（缩小）、【]】（放大）。

"硬度"设置为 0 时，笔刷周边虚化严重，设置为 100 时，笔刷周边没有虚化效果。

【例 6-10】使用"污点修复画笔工具"将"教材用图"里的"污点修复画笔练习"图中的小鱼删除，如图 6-5 所示。步骤参见微视频讲解。

（a）练习图

（b）效果图

图 6-5　"污点修复画笔工具"练习图及效果图

操作提示：

① 在工具栏中的第八个图标处长按鼠标，选择"污点修复画笔工具"。

② 在属性栏中设置合适的笔刷大小，快捷键是【[】（缩小）、【]】（放大）。

③ 在要删除的小鱼处单击，或用鼠标涂抹。

微视频●

例 6-10

8. 修复画笔工具

作用：复制图像的一部分，在其他位置粘贴出来，所粘贴出来的图像会自动与背景色相融合。

注意：两个文件之间也可以相互复制。

使用方法：选中修复画笔工具，按住【Alt】键确定一个要复制的位置，此时鼠标形状变成中间有十字形的，然后在另一处单击，即可达到复制的目的。

【例 6-11】使用"修复画笔工具"，将"教材用图"里的"修复画笔工具练习"图片中的西瓜籽去掉，如图 6-6 所示。步骤参见微视频讲解。

操作提示：

① 在工具栏中的第八个图标处长按鼠标，选择"修复画笔工具"。

② 在属性栏中设置合适的画笔大小，快捷键是【[】（缩小）、【]】（放大）。

微视频●

例 6-11

③ 将光标定位在要复制的位置按住【Alt】键，出现一个十字叉后单击鼠标左键。

④ 在西瓜籽处单击即可把西瓜籽覆盖住。

（a）练习图　　　　　　　　　　　　　　（b）效果图

图 6-6　"修复画笔工具"练习图及效果图

9. 修补工具

作用：修补工具是一个强大的图片修复工具，可以去除面部的斑点，图片多余的文字、水印等。

使用方法：选中"工具栏"中的"修补工具"，用鼠标圈选要修补的位置，则创建了一个选区，将选区拖动到要替换的区域以后，这样原来的位置就被融合掉了。

【例 6-12】使用"修补工具"将"教材用图"里的"修补工具练习"图片的青春痘删除，如图 6-7 所示。步骤参考见微视频讲解。

● 微视频

例 6-12

图 6-7　"修补工具"练习图及效果图

操作提示：

① 在工具栏中的第八个图标处长按鼠标，选择"修补工具"。

② 在要修补的位置使用修补工具进行圈选。

③ 将被圈选的选区向皮肤好的位置拖动。

④ 在菜单栏中单击"选择"→"取消选择"命令。

10. 画笔工具

使用方法：选中画笔工具，更改画笔的大小和硬度。硬度为 100% 则边缘不虚化，硬度为 0% 则边缘虚化效果最强。设置好各项参数后，在图像编辑区内涂抹即可。

11．油漆桶工具

作用：用来填充前景色或图案。

使用方法：选中油漆桶工具，在属性中选择，填充前景色或是填充图案。

【例 6-13】画一个圆形，将其颜色填充为蓝色。步骤参见微视频讲解。

操作提示：

① 新建一个文件。

② 在工具栏中选择"选框"→"椭圆选框"工具。

③ 在图像编辑区里画出一个圆形。

④ 在工具栏中设置前景色为"蓝色"。

⑤ 在工具栏中选择"油漆桶"工具。

⑥ 在圆形选区中单击，即可填充上颜色。

⑦ 在菜单栏中单击"选择"→"取消选择"命令。

微视频 ●

例 6-13

12．渐变工具

作用：用来填充渐变色，即由一种颜色变化到另一种颜色。

使用方法：选中"渐变工具"，在属性栏中设置渐变色，设置好渐变颜色和渐变样式后，在画板上拖动。如果只需要填充图像的一部分，请选择要填充的区域。否则，渐变填充将应用于整个画板。

【例 6-14】新建一个文件，将背景填充为绿白渐变色，再画一个矩形，将其颜色填充为红—黄—蓝渐变色。步骤参见微视频讲解。

操作提示：

① 选择工具栏中的渐变工具。

② 在属性栏中设置渐变颜色为"绿—白"。

③ 在属性栏中设置渐变方式为"线性渐变"。

④ 使用鼠标在图像编辑区中拖动。

⑤ 在工具栏中选择"选框"→"矩形选框"工具。

⑥ 在图像编辑区中画出一个矩形选区。

⑦ 选择工具栏中的渐变工具。

⑧ 在属性栏中设置渐变颜色为"红—黄—蓝"。

⑨ 在属性栏中设置渐变方式为"线性渐变"。

⑩ 使用鼠标在选区中拖动。

微视频 ●

例 6-14

13．模糊工具

作用：可以美化人物皮肤，起到磨皮的作用。

使用方法：点选模糊工具，在属性栏中设置好"大小""硬度""强度"之后在图片上涂抹，涂抹处即可变得模糊。

"大小"是指涂抹的时候笔刷的大小，快捷键是【 [】（缩小）、【] 】（放大）。

"硬度"设置为 0 时，则笔刷周边虚化严重；设置为 100 时，笔刷周边没有虚化效果。

"强度"可以增加或减少图片的模糊程度。拖动滑块即可调节，数值越大，模糊的程度越大。

14．减淡工具

作用：起到提亮的作用，如果用在人物皮肤上则可以达到美白效果。

● 微视频

例 6-15

使用方法：单击减淡工具，在属性栏中设置"大小"、"硬度"和"曝光度"，在需要减淡的位置上涂抹即可。

"大小"和"硬度"同"模糊工具"里的大小和硬度。

"曝光度"可以控制减淡强弱的，曝光度的数值越大，减淡的程度越强，图片越亮；曝光度的数值越小，减淡的程度越弱，减淡的效果越不明显。

【例 6-15】使用模糊工具和减淡工具，修改"教材用图"里的"修改皮肤练习"中人物的皮肤，如图 6-8 所示。步骤参见微视频讲解。

图 6-8 "模糊工具"和"减淡工具"练习图及效果图

操作提示：

① 使用"浮动面板"中"导航器"里的缩放滑块，将要修改的部位局部放大。

② 选择工具栏中的"模糊"工具。

③ 在属性栏中选择合适的画笔大小。

④ 在人物皮肤上进行涂抹，起到磨皮的作用。

⑤ 选择工具栏中的"减淡"工具。

⑥ 在属性栏中适当调整"曝光度"和画笔的"大小"。

⑦ 在需要提亮的位置用鼠标涂抹。

15. 文字工具 T

文字工具一般有两种使用方法：

方法 1：双击图层面板中的"T 字"在属性栏中更改字体、颜色、字号、变形等。

方法 2：菜单栏中选择"窗口"→"字符"命令，更改字体、字号、颜色等。

● 微视频

例 6-16

【例 6-16】新建文件中，用文字工具，写出"北京欢迎您"，并将其设置为黑体 48 点蓝色。步骤参见微视频讲解。

操作提示：

① 新建一个文件。

② 选择工具栏中的"文字"→"横排文字工具"。

③ 在属性栏中设置字体为"黑体"，设置字号为"48"，设置颜色为"蓝色"。

④ 在图像编辑区中单击鼠标左键，输入文字后单击"确定"按钮。

16. 抓手工具

作用：将图片放大后，可使用抓手工具移动图片，方便在大图中移动而进行修改细节。

使用方法：选中抓手工具，使用鼠标拖动图片即可，快捷键是空格（常用）。

17. 缩放工具

作用：将图片放大或缩小。

使用方法：选中缩放工具，在属性栏中，选择放大或缩小，在图像编辑区域单击即可放大或缩小。

18. 设置前景色与背景色■

使用方法：在工具栏中选中"设置前景色与背景色"，前面的色块为前景色，后面的色块为背景色。

注意：

① 单击■可以快速切换成前景色为黑，背景为白。

② 单击"■切换"按钮，可以快速使前景色和背景色互换。

6.4　常用的浮动面板

浮动面板是 Photoshop 中最常用的辅助工具，因为这些窗口可以浮动在工作区中的任意位置，所以称之为浮动面板。

打开/关闭浮动面板：在菜单栏中的"窗口"中可以查找到所有的浮动面板，勾选状态即为选中，取消勾选状态即可关闭浮动面板。

如果浮动面板被设置乱了，可以选择菜单栏中的"窗口"→"工作区"→"复位调板位置"命令，即可恢复到初始状态。

下面介绍两个常用的浮动面板。

1. 导航器

作用：可以让用户快速观察画面、任意放大缩小、快速定位。

使用方法：在面板的左下角有百分比数字，可以直接输入百分比，按【Enter】键后，图像就会按输入的百分比显示，在导航器中会有相应的预视图。也可用鼠标拖动浏览器下方的小三角来改变缩放的比例，滑动栏的两边有两个"山"的形状的小图标，左边的图标较小，单击此图标可使图像缩小显示，单击右边的图标，可使图像放大。

2. 历史记录

作用：用来记录操作过的每一个步骤。可以还原到之前的操作步骤。默认保存 20 步。

6.5　图　　层

图层功能是 Photoshop 的重中之重。图层的上下关系即代表着其层叠关系，可以随意对层次进行调整。

1. 图层的作用

将不同的图放在不同的图层，互不干涉，方便以后修改。

2. 图层的创建

创建图层一般有两种方法：

方法 1：单击图层浮动面板中的"新建图层"按钮■。

方法 2：在菜单栏中选择"图层"→单击"新建"→"图层"命令。

3. 图层的删除

删除图层一般有两种方法：

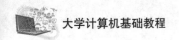
方法 1：使用鼠标选中将要删除的图层，拖至图层浮动面板中的 🗑。

方法 2：在菜单栏中选择"图层"→"删除"→"图层"命令，即可删除当前所选图层。

4．图层的复制

复制图层一般有两种方法：

方法 1：将要复制的图层，拖至图层浮动面板中的 🗐。

方法 2：菜单栏中选择"图层"→"复制图层"命令，即可将当前图层复制一个副本。

5．图层的移动

为了改变图层间的遮挡关系，需要对图层进行移动调整。操作方法是：用鼠标拖住图层，可移动到任意位置。

6．更改图层名

双击"图层"这两个字，即可进入到图层名的编辑状态，改名后按【Enter】键即可完成对图层的改名。

7．图层选区

如想让图形改变成渐变色，要先调出图形选区（按住【Ctrl】键后单击图层）再填充渐变色。

● 微视频

例 6-17

【例 6-17】新建三个图层，在三个图层上分别画一个填充为红色的圆、一个填充为黄色的正方形、一个填充为蓝色的长方形，图层名称分别改为"圆""正方形""长方形"。复制图层圆，更名为"渐变圆"，将渐变圆图层改成"橙—黄"渐变色，将渐变圆图层移动到正方形图层和长方形图层之间，并调整两个圆的位置。将文件保存为"图层练习.psd"。效果图参见图6-9。步骤参见微视频讲解。

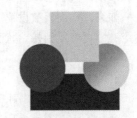

图 6-9 【例 6-17】效果图

操作提示：

① 单击图层面板中的"新建图层"按钮，创建三个图层。

② 单击"图层 3"，在工具栏中选择"选框"→"椭圆选框"工具，画出一个圆形。

③ 在工具栏中设置前景色为"红色"，使用"油漆桶"工具将圆形选区填充成红色。

④ 双击此图层名处，将图层名改为"圆"。

⑤ 在菜单栏中选择"选择"→"取消选择"命令。

⑥ 单击"图层 2"，在工具栏中选择"选框"→"矩形选框"工具，画出一个正方形。

⑦ 在工具栏中设置前景色为"黄色"，使用"油漆桶"工具将正方形选区填充成黄色。

⑧ 双击此图层名处，将图层名改为"正方形"。

⑨ 在菜单栏中选择"选择"→"取消选择"命令。

⑩ 单击"图层 1"，在工具栏中选择"选框"→"矩形选框"工具，画出一个长方形。

⑪ 在工具栏设置前景色为"蓝色"，使用"油漆桶"工具将长方形选区填充成蓝色。

⑫ 双击此图层名处，将图层名改为"长方形"。

⑬ 在菜单栏中选择"选择"→"取消选择"命令。

⑭ 选中"圆"图层，单击鼠标左键不松手，将此图层拖动到"创建新图层"的图标处，释放鼠标，即可复制出一个"圆"图层副本。

⑮ 使用移动工具，将复制的"圆"图层移动一个位置。按住【Ctrl】键再用鼠标左键单击此图层前面的缩略图，调用出此图层选区。

⑯ 选择工具栏中的渐变工具。在属性栏中设置渐变颜色为"橙—黄"。在属性栏中设置渐变方式为"线性渐变"。使用鼠标在选区中拖动,将此图形设置成橙—黄渐变色。

⑰ 双击此图层名处,将图层名改为"渐变圆"。

⑱ 在菜单栏中选择"选择"→"取消选择"命令。

⑲ 单击"渐变圆"图层,向下拖动,移动图层,将此图层移动至"正方形"图层和"长方形"图层之间。

⑳ 在菜单栏中选择"文件"→"存储为"命令,输入"图层练习"后单击"保存"按钮。

8. 图层的链接与合并

图层位置调整好后,可以将图层链接或合并在一起。链接后还可以取消链接,互不影响。合并是将两个图层合成一个图层,不能再恢复。链接与合并图层的方法如下:

链接图层:将所要链接的图层全部选中,单击"链接图层"按钮 链接图层。再单击一次此按钮即可取消链接。

合并图层:在菜单栏中选择"图层"→"合并图层"命令。

9. 文字图层及文字编辑

添加文字后,自动生成一个文字图层。双击即可编辑。

10. 可见图层

可以单击图层前的小眼睛图标 ,用来控制显示/隐藏图层。

【例 6-18】将"图层练习.psd"中的渐变圆形设置为不可见。将红色圆形和蓝色长方形合并为一个图层。将合并的图层和黄色正方形链接在一起。步骤参见微视频讲解。

操作提示:

① 单击"图层面板"中"渐变圆"图层前面的"小眼睛"图标。

② 按住【Ctrl】键,同时选中"圆"图层和"长方形"图层。

③ 在菜单栏中选择"图层"→"合并图层"命令。

④ 按住【Ctrl】键,同时选中"正方形"图层和合并后的图层。

⑤ 单击"图层面板"下面的"链接图层"按钮。

微视频

例 6-18

6.6 调 色

调色主要是调整图像的明暗度、对比度、曝光度、饱和度、色相、色调等。可通过"色阶""曲线""亮度/对比度""色相/饱和度"等命令进行调色。

1. 曲线

作用:调整曲线表格中的曲线形状即可综合调整图像的亮度、对比度和色彩等。

使用方法:

① 在菜单栏中选择"图像"→"调整"→"曲线"命令,或使用快捷键【Ctrl+M】,即可打开"曲线"对话框。

② 拉动曲线即可调整明暗度。向上拉动后提高亮度,向下拉动后降低亮度。

③ 一般修图时为了增加图片的对比度会经常使用"S 曲线"来均衡效果。

【例 6-19】使用"曲线"工具,调整"教材用图"文件夹里的"亮度练习"的亮度,如图 6-10所示。步骤参见微视频讲解。

（a）练习图　　　　　　　　　　　　　　（b）效果图

图 6-10　【例 6-19】练习图及效果图

微视频

例 6-19

操作提示：

① 在菜单栏中选择"图像"→"调整"→"曲线"命令，即可打开"曲线"对话框。

② 在曲线上添加锚点，根据图片的亮度进行调整。

2. 亮度/对比度

在菜单栏中选择"图像"→"调整"→"亮度/对比度"命令，即可进入"亮度/对比度"的编辑状态。

通过调整数值来增加减少亮度和对比度。向左滑动，数值为负时表示减少亮度/对比度；向右滑动，数值为正时表示增加亮度/对比度。

【例 6-20】使用"亮度/对比度"工具，调整"教材用图"文件夹里的"亮度练习"的亮度，如图 6-11 所示。步骤参见微视频讲解。

（a）练习图　　　　　　　　　　　　　　（b）效果图

图 6-11　【例 6-20】练习图及效果图

微视频

例 6-20

操作提示：

① 在菜单栏中选择"图像"→"调整"→"亮度/对比度"命令，即可打开"亮度/对比度"窗口。

② 左右滑动亮度、对比度的滑块进行调整。

3. 色相/饱和度

色相即各类色彩的相貌称谓，如大红、普蓝、柠檬黄等。色相是色彩的首要特征，是区别各种不同色彩的最准确的标准。饱和度是色彩的鲜艳程度。明度即为发光亮度。

使用方法：

在菜单栏中选择"图像"→"调整"→"色相饱和度"命令，或者使用快捷键【Ctrl+U】。

色相：调整对应的角度值来改变色相，范围在–180～180° 之间，正好是 360°，一个色相环。

饱和度：范围是–100～100° 之间，当调到–100° 最低时是灰色的，此时修改色相是不会有所变化的，因为灰色不具备色彩意义。

明度：范围也是在–100～100 之间，当调到 100 时为白光，也就是光线最强。

【例 6-21】使用"曲线""色相/饱和度"工具，调整"教材用图"文件夹里"调色练习"的颜色，如图 6-12 所示。步骤参见微视频讲解。

（a）练习图

（b）效果图

图 6-12 【例 6-21】练习图及效果图

操作提示：

① 在菜单栏中选择"图像"→"调整"→"曲线"命令，即可打开"曲线"对话框。

② 在曲线上添加锚点，根据图片的亮度进行调整。

③ 在菜单栏中选择"图像"→"调整"→"色相饱和度"命令。

④ 增加饱和度，使图片色彩更鲜艳。

例 6-21

调色小技巧：可以利用图层的叠加效果来对图片进行调色。

【例 6-22】调整"教材用图"文件夹里"提亮灰暗练习"的亮度，如图 6-13 所示。步骤参见微视频讲解。

（a）练习图

（b）效果图

图 6-13 【例 6-22】练习图及效果图

操作提示：

① 选中"背景"图层，按住鼠标左键不松手，将此图层拖动到"创建新图层"的图标处，释放鼠标，即可复制出一个"背景"图层副本。

② 将"背景 拷贝"图层的混合模式改成"柔光"，可以将灰暗的图片提亮。

③ 在菜单栏中选择"滤镜"→"其他"→"高反差保留"命令，将半径设置为50 像素，可以强化边缘，做出清晰的图片。

小　　结

Photoshop 是一款非常实用的绘图软件，功能强大。可以使用 Photoshop 设计出精美的图片，还可以调整图像、修复照片等。本章主要讲述了以下内容：

① Photoshop 相关概述。

② 图像文件的操作，包括创建新图像、打开图像、保存图像、改变图像的大小与分辨率。

③ "工具栏"中的常用工具。

④ 常用的浮动面板。

⑤ 怎样调色。

习　　题

给自己制作 1 英寸证件照片。具体要求如下：

1. 修照片：

（1）使用污点修复工具或修补工具去斑点和面部痘痘。

（2）使用模糊工具使皮肤变细腻。

（3）使用减淡工具或曲线工具调整照片亮度及皮肤美白。

2. 将背景调亮：

（1）使用魔棒工具或快速选择工具，将背景选中。

（2）使用曲线工具或亮度/对比度工具，将背景调亮至白色。

3. 改变大小：

（1）分辨率设置为 254 像素/英寸。

（2）设置宽度、高度为 25 mm × 35 mm。

照片大小提示：

1 英寸：25 mm × 35 mm

2 英寸：35 mm × 49 mm

3 英寸：62 mm × 85 mm

5 英寸：89 mm × 127 mm

注意：如需冲洗，要将 1 英寸照片排列到 5 英寸照片的画面里，5 英寸照片的背景最好设置为灰色，方便裁剪。

4. 将做好的 1 英寸照片保存成 JPG 格式。

5. 新建一个 5 英寸照片大小的画布，分辨率为 254，将 1 英寸照片.jpg 文件排列在这个画布中。

6. 将做好的 5 英寸照片保存成 JPG 格式。

第7章
新一代信息技术应用

随着云计算、物联网、大数据、人工智能等新一代信息技术的发展普及，人类社会正进入智能化时代。本章介绍有关"云物大智"的含义和典型应用案例。

7.1 云 计 算

7.1.1 云计算的含义

云计算（cloud computing）是一种计算模式，在这种模式下，动态可扩展而且通常是虚拟化的资源通过互联网以服务的形式提供。终端用户不需要了解"云"中基础设施的细节，不必具有相应的专业知识，也无须直接进行控制，只需关注自己真正需要什么样的资源，以及如何通过网络来得到相应的服务。"云"已经为用户准备好了存储、计算、软件等资源，用户需要时即可采取租赁方式使用。

7.1.2 云计算的应用举例——医疗云系统

医疗云是云服务的一个典型应用场景。相关报道指出，中国某一线城市，每年挂专家号的人次在一亿以上，而该城市每年可接待专家问诊的能力在一百万左右。实际上，挂专家号的患者很多只是感冒之类的小症状，完全没有必要在大型专科或综合性医院求医。资源调配的不合理对医疗行业的整体效率造成了严重影响，也直接导致了医疗质量难以保证、地区之间参差不齐以及医患纠纷增多等状况。

这种现象的产生与 IT 系统的建设模式有很大联系。在传统的医疗系统中，服务器、网络和存储等 IT 基础设施往往是分散而隔离的，其维护和使用是由不同的医疗机构或者同一医疗机构的不同部门单独完成的。在这些分离的系统中是无法实现对信息的有效共享和对医疗系统的统筹管理的。而云计算的出现为实现医疗信息系统的联合优化和动态管理提供了可能。这些分散的系统通过云计算能够整合在一起，形成统一的医疗信息基础设施，提供类型多样的健康管理应用，为每一个人制订个性化的诊疗方案。此外，在生物医学和个性药物的研究过程中也会涉及大量的数据处理和计算，云计算节约资源、便利管理的特性也将提高这些领域的研究效率。

为此，很多国家政府都在考虑基于云计算的医疗行业解决方案。例如，美国的医疗计划有一个预期目标，即通过云计算改造现有的医疗系统，让每个人都能在学校、图书馆等公共场所连接到全美的医院，查询最新的医疗信息。丹麦政府计划通过云计算建立全国性的医疗体系，对该国药品管理局的工作流程进行改善，将优化流程推广至药商甚至全丹麦医药行业。

在我国，政府正在全力推广以电子病历为先导的智能医疗系统，对医疗行业中海量数据进行存储、整合和管理，满足远程医疗的实时性要求。智能医疗系统建立的理想解决方案就是云计算，通过将电子健康档案和云计算平台融合在一起，每个人的健康记录和病历能够被完整地记录和保存下来，在恰当的时候为医疗机构、主管部门、保险机构和科研单位所使用。

同时，在一些知名的医疗研究机构开始使用"健康云"。美国哈佛医学院是最早部署和使用云计算平台的医疗机构之一，它所建立的私有"医疗云"已经成为其在日常医疗和研究工作中非常重要的一个环节。哈佛医学院的研究人员和工作室分布在波士顿的多个地点。哈佛医学院将自己的 IT 平台搭建在 Amazon eo2 之上，形成了私有的"健康云"，以期在所管辖的不同研究机构之间能够有效实现共享。之外，采用一系列成熟的云环境管理工具，将研究人员从底层的管理实施细节中解脱出来，使管理成本相比之前下降了 80%左右。目前腾讯医疗云已经和国内很多医疗机构合作，有较多的成功案例。

7.2 物 联 网

7.2.1 物联网的含义

物联网是新一代信息技术的重要组成部分，也是"信息化"时代的重要发展阶段，其英文名称是 the internet of things。顾名思义，物联网就是物物相连的互联网。这有两层意思：其一，物联网的核心和基础仍然是互联网，它是在互联网基础上延伸和扩展的网络；其二，其用户端延伸和扩展到了任何物品与物品之间，进行信息交换和通信，也就是物物相息。

物联网通过智能感知、识别技术与普适计算等通信感知技术，广泛应用于网络的融合中，也因此被称为继计算机、互联网之后世界信息产业发展的第三次浪潮。物联网是互联网的应用拓展，与其说物联网是网络，不如说物联网是业务和应用。因此，应用创新是物联网发展的核心，以用户体验为核心的创新 2.0 是物联网发展的灵魂。

根据国际电信联盟（ITU）的定义，物联网主要解决物品与物品（thing to thing，T2T）、人与物品（human to thing，H2T）、人与人（human to human，H2H）之间的互联。但是与传统互联网不同的是，H2T 是指人利用通用装置与物品之间的连接，从而使得物品连接更加简化，而 H2H 是指人之间不依赖于 PC 而进行的互连。因为互联网并没有考虑到对于任何物品连接的问题，故使用物联网来解决这个传统意义上的问题。许多学者讨论物联网时，经常会引入一个 MM 的概念，可以解释成为人到人（man to man）、人到机器（man to machine）、机器到机器（machine to machine）。从本质上讲，人与机器、机器与机器的交互，大部分是为了实现人与人之间的信息交互。

物联网是指通过各种信息传感设备，实时采集任何需要监控、连接、互动的物体或过程等各种需要的信息，与互联网结合形成的一个巨大网络。其目的是实现物与物、物与人、所有的物品与网络的连接，方便识别、管理和控制。

7.2.2 物联网的应用举例——智能家居

物联网诞生后，智能家居（smart home）的概念随之出现。智能家居借助物联网技术，将家庭内的生活设施进行集成化管理，从而提升家居生活的安全性、舒适性、便利性、艺术性。

智能家居有八大先进系统，即布线系统、网络系统、智能中央控制系统、照明控制系统、家庭安防系统、背景音乐系统、多媒体系统、环境控制系统。通过这些智能系统，用户可以实现防火防盗、自动报警、自动控制开关（门窗、窗帘、空调、电灯、电视机、电冰箱、洗衣机、电饭煲、音响等）、环境控制（空气质量、温度、干湿度等）、多媒体应用控制等。智能家居主要采用无线技术，包括蓝牙技术、Wi-Fi 技术、ZigBee（紫蜂协议）技术。蓝牙技术是一种短距离的无线电技术，这种技术非常成熟，适合短距离点对点式的通信，如手机、计算机、蓝牙耳机、MP3 等带有蓝牙功能的互联网设备。Wi-Fi 技术是当今应用面积最大、普及率最高的短程无线传输技术，这种传输技术能够在百米以内帮助移动互联网工具进行连接，其完全可以覆盖一个家庭。但是 Wi-Fi 技术功耗比较高。ZigBee 技术是一种低功耗、短距离无线通信技术，其特点是自组网、成本低、功耗低、超视距、可靠度高。小米智能家庭套装就选择了 ZigBee 技术。

智能家居目前已经开始从商业应用走向家庭，以别墅、大平层为代表的高端住宅是智能家居应用的主要实践载体。全宅灯控、家庭安防、中控系统、背景音乐、家庭影院、电动窗帘等成为此类项目智能化应用的主要功能。随着基础技术条件的完善以及随之而来的智能硬件热潮，智能家居功能体验不再是豪宅用户的专属，智能家居行业逐步扩大。

7.3 大 数 据

7.3.1 大数据的含义

大数据（big data）是指海量、高增长率和多样化的信息资产，通过新的信息处理技术可以具备更强的决策指导力、洞察发现力和流程优化能力。大数据区别于传统意义的数据，具有四大独特特征（即 4V 特征）。一是数据规模大（volume），指数据的增长速度非常快，数据量达到了一定的规模大小，通常需要使用分布式系统和算法进行处理和分析。二是多样的数据类型（variety），相对于过往以文本形式为主的结构化数据，大数据的数据类型涵盖了图片、音频、视频、网络日志、地理位置信息等种类繁多的半结构化数据。三是数据产生速度非常快（velocity），通常为秒级别乃至毫秒级别的数据，对于数据的处速度要求非常高。四是数据蕴含一些价值信息（value），因此需要对大数据经过专业化处理以挖掘其价值。

大数据创新了循数管理，极大提升了管理的效能。循数管理包括数据集、数据分析、数据发布应用等环节。在数据收集阶段，需建立广阔的数据收集网络，保证数据质量；在数据分析阶段，需确定问题、制定政策、评效；在数据发布应用阶段，需采取针对性的对策和管理措施，取得成效后更大范围复制推广。循数管理已经在政府、企业等多种主体的管理中获得应用。例如，美国交通安全管理局挖掘数十年的事故信息，分析事故原因，形成促进交通安全的政策；美国医疗保障中心为减少医疗补助中的虚假账单和重复申报，采用数据挖掘技术，运用计算机实现了对异常支付记录的自动识别等。

大数据创新了商务智能，极大提升智能化服务水平。大数据商务智能是通过数据集中整合、挖掘分析、展示应用，为客户提供智能化、个性化服务。通过数据集中整合，汇聚内外部数据资源，尤其是客户数据，为数据应用建基础。通过挖掘分析，运用数量模型分析方法，发现数据背后的规律，发掘市场机遇和客户需求。通过展示应用，直观显示分析结果，推进智能营销，向目标客户提供针对性产品，实现数据制导下的智能服务。

7.3.2 大数据的应用举例——旅游大数据

旅游大数据的应用需求来自旅游产业链各个环节的相关利益体，包含游客、旅游供给商、旅游中间商、旅游管理与公共服务部门，以及其他涉旅企事业单位与部门。

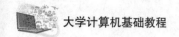

1. 旅游统计

目前，旅游统计工作基于统计学的理论与方法。统计学处理数据的特点是通过局部样本进行统计推断，从而了解总体的规律性。由于数据收集和处理能力的限制，传统统计工作总是希望通过尽可能少的样本来了解总体，于是产生了各种抽样调查技术。然而，由于各种抽样调查工作是在事先设定目的的前提下展开工作，不管多完美的抽样技术，抽到的只是总体中的一部分，样本都只是对总体片面的、部分的反映。大数据可以对统计学方法进行优化。大数据利用海量计算资源和方法优势采集和处理庞大的数据集，使得获取和处理的样本数据逼近总体。在当今数据集持续扩大化、扩宽化、复杂化和数据流化的背景下，这种优化十分重要。

旅游大数据能够利用海量数据的获取与处理能力，补充和优化现有旅游统计。以手机信令数据为例，手机信令数据首先能够抓取群体特征，进行群体分类，如酒店、旅行时间、景区等不同类型人群；其次，手机抓取的数据比较精确，结合花费调查的改进，可以提高旅游收入统计的准确性。尽管目前我国旅游统计引入大数据应用还处于起步阶段，但基于大数据的旅游统计是未来的趋势。

2. 旅游公共信息服务

随着旅游者的出游方式由团队游向自助游的转变，游客在出游决策、旅游体验、游后评价等各个环节都对旅游公共信息及信息的传递、组合、应用等提出了新的要求。旅游大数据的应用能够为现有旅游公共信息服务的改进提供支持。主要体现在以下几个方面：

（1）更准确地为游客提供其所需要的旅游信息

互联网及移动通信技术的普及使游客无论在旅行前、旅行中，还是旅行后都留下了"电子足迹"，包含其网络信息搜索行为、网站单击行为、移动行为、网络社交行为等。对这些数据进行分析，能够了解游客在何时、何地最关注什么旅游信息，对何种旅游产品或旅游消费有偏好，从而更准确地为游客所需要的或者所偏好的旅游信息服务提供支持。

（2）以游客偏好的方式提供其所需要的信息

多媒体技术的发展使得旅游公共信息的传递和传播有多种形式，既包含图、文、动画、视频、音频等不同的数据类型；也包含不同的呈现界面，如网站（官方网站、门户网站）、手机 App、社交媒体（如微博、微信等）、电子触摸屏、互动机器人等。通过研究游客对各种形式及界面信息的浏览行为、关注行为（如视觉关注时间）、单击（触摸）行为、网络社交行为（如在某社交媒体签到，或上传旅行照片等）等，可以分析出游客对信息形式及界面的偏好，从而帮助决策者以更吸引游客因而更有效的方式传递或传播旅游公共信息。

3. 旅游行业监管

旅游大数据可以作为旅游宏观调控、科学治理的重要工具，提升旅游管理与执法效率，数字化监管旅游市场，优化旅游发展环境。通过构建基于旅游大数据的旅游服务质量评价指标体系与评价方法，可以实时动态对旅游服务进行评价监督。

4. 旅游安全预测、预警与调控

基于大数据，可以进行基于群智感知的游客行为大数据挖掘和旅游活动的识别与发现，可以进行景区承载力挖掘、客流调控与突发事件预测。可以基于大数据，构建旅游突发事件应急管理、旅游突发事件应急管理、旅游突发事件预测预警、旅游舆情监控等体系和平台。

5. 旅游市场结构分析、预测与营销

基于大数据，可以获取旅游市场数据，开展旅游流量结构分析、旅游市场趋势预测，从而探

索基于大数据的面向社交网络的旅游企业品牌的构建与营销方式、方法，基于大数据的旅游品牌精准营销等；研究旅游消费网络环境，网络环境旅游消费意愿、结构、特征、行为及度量，市场竞争条件下旅游电子商务模式与发展之间的关系，旅游电子商务创新模式等。

6．游客信息化服务

基于大数据，可以探索基于信息技术的游客服务方式、方法与应用系统。基于智能感知与定位理论与方法、LBS 的路径规划、智能终端室内外无缝定位、虚实互动技术的自动触发热点方法，可以研发旅游目的地导游导览。基于博物馆旅游价值挖掘、可视化与传播技术，景区文化旅游资源智能感知、展示与虚拟互动关键技术，可以开发景区虚拟互动与增强现实系统。基于移动情境感知建模、游客行为模式挖掘、移动情境感知的个性化推荐，可以开发游客个性化情景推荐系统。

7.4　人　工　智　能

7.4.1　人工智能的含义

人工智能（artificial intelligence，AI）是研究、开发用于模拟、延伸和扩展人的智能的理论、方法、技术及应用系统的一门新技术科学。人工智能是计算机科学的一个分支，目的是研究如何制造出智能机器或智能系统来模拟人类智能活动的能力，以延伸人类的智能。

人工智能是计算机科学、控制论、信息论、神经生理学、心理学、语言学等多种学科互相渗透而发展起来的一门综合性新兴学科。美国斯坦福大学人工智能研究中心尼尔逊教授对人工智能下了这样一个定义：人工智能是关于知识的学科——怎样表示知识以及怎样获得知识并使用知识的科学。而美国麻省理工学院的温斯顿教授认为："人工智能就是研究如何使计算机去做过去只有人才能做的智能工作。"这些说法反映了人工智能学科的基本思想和基本内容，即人工智能是研究人类智能活动的规律，构造具有一定智能的人工系统，研究如何让计算机去完成以往需要人的智力才能胜任的工作，也就是研究如何应用计算机的软硬件来模拟人类某些智能行为的基本理论、方法和技术。

从学科角度，可以将人工智能定义为研究用机器来模仿和执行人脑的某些智力功能，并开发出相关理论和技术的学科，是计算机科学中设计和应用智能机器的分支学科。

从能力角度，可以将人工智能定义为智能机器所执行的通常与人类智能有关的功能，如判断、推理、证明、识别、感知、理解、设计、思考、规划、学习和问题求解等思维活动。

人工智能是引起争论最多的科学之一，如：当前人工智能的研究应该以人类的普遍思维规律为主，还是以特定知识的处理和运用为主？智能的本质是什么？机器能达到人的水平吗？机器人能代替人进行思维吗？

总而言之，人工智能研究非常困难，可能是有史以来最难的科学之一。长久以来人工智能对于普通人来说是可望而不可即，却吸引了无数研究人员为之奉献才智，全世界的实验室都在进行着 AI 技术的实验。

人工智能的实现方式主要有两种。第一种是工程学方法（engineering approach），是采用传统的编程技术，使系统呈现智能的效果，而不考虑所用方法是否与人或动物机体所用的方法相同。它已在一些领域内做出了成果，如文字识别、计算机下棋等。第二种是模拟法（modeling approach），它不仅要看效果，还要求实现方法也和人类或生物机体所用的方法相同或类似。采用前一种方法，需要人工详细规定程序逻辑，如果游戏简单，还是方便的。如果游戏复杂，角色数量和活动空间增加，相应的逻辑就会很复杂（按指数式增长），人工编程就非常烦琐，容易出错。而一旦出错，就必须修改源程序，重新编译、调试，最后为用户提供一个新的版本或提供一个补丁，非常麻烦。采用后一种方法时，编程者要为每一角色设计一个智能系统（一个模块）来进行控制，这个智能系统（模块）开始什么也不懂，但它能够学习，能渐渐地适应环境，应付各种复杂情况。这种系统开始也常犯错误，但它能吸取教训，下一次运行时就可能改正，不会永远错下去，不用发布新版本或打补丁。利用这种方法来实现人工智能，要求编程者具有生物学的思考方法，入门难度大。但一旦入了门，就可得到广泛应用。由于这种方法编程时无须对角色的活动规律做详细规定，应用于复杂问题，通常会比前一种方法更省力。

7.4.2 人工智能的应用举例——司法人工智能

智慧法院是依托现代人工智能，围绕司法为民、公正司法，坚持司法规律、体制改革与技术变革相融合，以高度信息化方式支持司法审判、诉讼服务和司法管理，实现全业务网上办理、全流程依法公开、全方位智能服务的人民法院组织、建设、运行和管理形态。智慧法院是人民法院、人工智能和互联网的综合体。"司法人工智能"的概念比"智慧法院"的概念出现得稍晚。简单地讲，所谓"司法人工智能"，就是人工智能技术在司法领域及司法活动中的应用。"智慧法院"与"司法人工智能"在基本理念上是一脉相承的，智慧法院建设以司法人工智能系统的构建为依托，司法人工智能系统的构建以智慧法院建设为目标。

随着人工智能第三次发展热潮的兴起，人工智能技术与法律的融合日益深入。2016 年初，英国年仅 19 岁的程序员、斯坦福大学大三学生 Joshua Browder，基于对收到不公平的停车罚单进行上诉的需要，发明了世界上第一个机器人律师，取名为 Donotpay，可以为用户提供免费的法律服务。

国内许多科技公司也开发研制了机器人律师、法律机器人、司法人工智能软件系统，如企业诉讼服务机器人、审判倾向分析机器人、行政处罚调查机器人、AI 案件分析系统、AI 合同审查系统、AI 裁决书自动生成系统等，有的科技公司还成立了法律实验室。

从司法人工智能系统的具体呈现方式角度来看，司法人工智能系统包括三类：司法人工智能审前系统、司法人工智能审判系统和司法人工智能审后系统。

① 司法人工智能审前系统，包括各种协助性、服务性法律机器人，以及机器人律师或 AI 系统，例如，立案咨询服务机器人或系统、诉讼服务机器人或系统、案件审判分析机器人或系统、行政处罚调查机器人或系统、合同审查 AI 系统、电子诉讼 AI 系统等。

② 司法人工智能审判系统，包括刑事案件人工智能定罪量刑系统、民事案件人工智能审理判决系统、庭审语音识别系统/卷宗录入系统。

③ 司法人工智能审后系统，包括判决/裁定文书自动生成系统、审判材料/数据自动上传系统、审判材料/数据可视化查询系统。

各类司法人工智能系统中，最主要、最关键、最能体现司法人工智能优越性的，应该是司法人工智能审判系统中的刑事案件人工智能定罪量刑系统与民事案件人工智能审判判决系统，司法人工智能审前系统与司法人工智能审后系统，仅仅是司法人工智能审判系统的辅助系统。这充分体现了在以审判为中心的诉讼制度改革背景下，审判环节是智慧法院体系的中心工作。

小　　结

信息技术迅猛发展，各种信息技术层出不穷，有必要对"云物大智"的含义和典型应用案例有所了解。本章主要讲述了以下内容：

① 云计算的含义及其在医疗领域的应用。
② 物联网的含义及其在家居领域的应用。
③ 大数据的含义及其在旅游领域的应用。
④ 人工智能的含义及其在司法领域的应用。

习　　题

1. 利用搜索引擎，总结"区块链"的含义、作用及典型应用。
2. 利用搜索引擎，总结"虚拟现实技术"的含义、作用及典型应用。
3. 用自己的话，谈一谈信息技术对人类社会的影响。

参 考 文 献

[1] 时瑞鹏. 云计算基础与应用[M]. 2 版. 北京：北京邮电大学出版社，2022.

[2] 马睿，苏鹏，周翀. 大话云计算：从云起源到智能云未来[M]. 北京：机械工业出版社，2020.

[3] 王莉丽，李丽红，张碧波. 计算机网络与云计算技术及应用[M]. 北京：中国原子能出版社，2019.

[4] 王米成. 智能家居：重新定义生活[M]. 上海：上海交通大学出版社，2017.

[5] 苗慧芳. 零距离未来[M]. 北京：中国财富出版社，2019.

[6] 黎嵘. 旅游大数据研究[M]. 北京：中国经济出版社，2018.

[7] 高举成. 数字法律与司法人工智能概论[M]. 北京：华龄出版社，2020.